新版

公共入札・契約手続の実務

しくみの基本から談合防止策まで

鈴木 満［著］

JN013913

学陽書房

はしがき

　本書は、筆者の40年を超える入札談合および入札契約、入札改革に関する研究の成果の集大成である。

　筆者が「入札談合」と最初に出合ったのは、わが国初の建設談合である「熊本県道路舗装協会事件」（昭54勧２）に公正取引委員会の課徴金算定の責任者（考査室長）として携わった1979年である。その後、全国規模の入札談合事件である「石川島播磨重工業株式会社ほか水門等工事業者36名事件」（昭54勧４）の審査にも携わり、これら事件を通して、入札談合は、単なる価格カルテルに止まらず、国民が納めた税金の無駄使い、役人の天下り、政官業の癒着など、わが国の社会経済システムと深く関わる奥深い存在であることを「認識」した。

　1982年、公正取引委員会がわが国初のゼネコン（総合建設業）談合事件である「社団法人静岡建設業協会事件」（昭57勧12）など３件（いわゆる「静岡事件」）を摘発した。これにゼネコン業界が強く反発したことから、上司の指示で、筆者がゼネコン業界に独占禁止法を説明する役割を担うことになった。同業界の理論派と思しき方々と激しい議論を重ねる中で、上記「認識」は「確信」に変わった。

　1996年、筆者は、桐蔭横浜大学法学部教授として研究生活に入り、研究の対象をこれまでの経験を活かして「入札談合」にすることを決意した。研究の成果は、『入札談合の研究』（信山社、2001年）、『入札談合の研究 第二版』（同、2004年）として世に送り出した。

　『入札談合の研究』では、法的措置の対象になった入札談合の全てを分析してその実像を明らかにするとともに、全国741の地方自治体を対象に入札談合防止対策を調査した結果等を踏まえ、あるべき入札談合防止対策を提案した。本書は大きな反響を呼び、読者などの推薦により、長野県、神奈川県横須賀市、同横浜市、東京都立川市、三重県松阪市、神奈川県相模原市、農林水産省林野庁、同植物防疫所、同動物検疫所、

独立行政法人水産総合研究センター（当時）、防衛省北関東防衛局の入札監視委員会など第三者機関に参画する機会が与えられた。筆者にとって、これら第三者機関は、大学における「入札改革」に関する研究成果を実践する場であり、そして、ここで得られた成果を研究にフィードバックさせることができる、極めて有意義な場であった。

　さらに、筆者が提案し、明石市・松阪市・立川市の協力により開催された「入札改革フォーラム」では、多くの自治体が入札改革の「成果」を発表した。フィールドワークを旨とする筆者は、発表した自治体に直接赴いて、その「成果」がどのように生み出されたのかを調査し、その結果を『談合を防止する自治体の入札改革』（学陽書房、2008年）、『公共入札・契約手続の実務』（同、2013年）で紹介した。

　本書は、これら著書で紹介したもののうち今でも参考になると思われる事項・事例について、若干の修正を加えて紹介するとともに、新たに立川市の事例などを書き加えたものである。

　本書の第1章「入札・契約制度の課題」では、入札制度や入札改革に関わる29課題について筆者の見解を詳しく述べ、第2章「入札改革の成功例と課題の検証」では、筆者が提案し又は現地に直接赴いて確認した入札改革の成功例（16事例）のほか、課題が残る事例（4事例）も紹介した。中でも「変動型最低制限価格制度」は、筆者が発案し、当初長野県で試みたがあまり機能せず、横須賀市において改良を加えてかなり機能するようになり、さらに改良を加えた立川市において全面展開の域に達した仕組みである。予定価格を基準とした最低制限価格制度の下では、予定価格を秘密情報にせざるを得ず、それゆえ、これを漏洩したとして官製談合防止法違反に問われるケースが全国で多発している。しかし、「変動型最低制限価格制度」を採用すれば、予定価格を秘密情報にする必要はなく、官製談合防止法8条違反を完璧に排除することが可能である。この優れた仕組みが多くの発注機関で導入されることを切望している。

　また、入札改革をめぐるトピックスを「コラム」として紹介した。

本書は、国・地方自治体等発注機関の入札・契約担当者や入札監視委員会の委員の方々にとって大いに参考になるものと確信している。

　本書は、18年の長きにわたり入札等監視委員会の委員長を仰せつかった立川市の協力がなければ編纂できなかったと思われる。とりわけ、同市の杉山契約課長と岡本品質管理課長には、資料提供のほか、原稿のチェックなどで大変お世話になった。
　また、本書の刊行に当たっては学陽書房編集部の川原正信氏に大変お世話になった。
　さらに、原稿の読み合わせ作業は、友人の江藤明子さんと井上幸子さんに大変お世話になった。
　これら関係者のみなさまに、心からお礼申し上げる。

　令和4年3月

鈴木　満

目　次

第2章　入札改革の成功例と課題の検証

第1章

入札・契約制度の課題

1 入札改革の意義

1 国民意識の変化

　わが国では、長らく「談合は悪いことである。しかし、必要とされる面もありなくすことは難しい」（談合は必要悪である）と認識されてきた。しかし、近年、公正取引委員会や検察当局の努力によって、談合は、税金をムダに費消するだけでなく、「政官業の癒着」と深く結びついていることが次第に明らかにされ、多くの国民が「談合は犯罪である」、「談合は絶対悪だ」と認識するようになった。このように国民の意識が変化した背景事情として、国や地方自治体の深刻な財政難があると思われる。

　少し前までは、不況対策と称して公共事業予算がむやみに増加されてきた。そうした状況の下では、談合を排除して予算を節約するといった発想は無視され、むしろ、予算を完全に消化することや、お金を業者にまんべんなく行き渡らせることの方が優先される。そして、それを確保するために「官製談合」が当たり前のように行われてきた。

　限りある予算を湯水のように使った結果、国や地方自治体に巨額の借金が累積された。こうしたきわめて深刻な事態になって初めて国民（納税者）は、公共事業予算を削減し、財政危機を打開する必要があると認識するようになり、これに伴って、入札改革の必要性が叫ばれるようになった。

2 会計法規の原則へ

　本書がテーマとする「入札改革」とは、入札・契約・調達などの仕組み（以降「入札制度」という）から「発注者の恣意性を排除すること」に他ならない。会計法や地方自治法といった会計法規はすべて「入札制度から発注者の恣意性を排除すること」を主眼として規定されており、その意味では、「入札改革」とは会計法規の原則に立ち返ることでもある。

　つまり、指名競争入札や随意契約を極力減らし、一定の能力があれば誰でも入札に参加できる一般競争入札に移行することであり、そう難しいことではない。

　それにもかかわらず入札改革が一向に進まないのは、わが国には、なお「"和を以て尊しとなす"をモットーとする日本人にとって、談合は必要悪である」と考える人々が少なからず存在することによる。しかし、この考えは誤解に基づいたものと考えられる。どの国の事業者であろうと、利益を確保する手段としてカルテルや談合を行うのは目に見えており、わが国の事業者だけ「カルテルマインド」が特に強いわけではないのである。

③　米国における入札改革

　米国でも1980年頃まではスピード違反と同じように行われていた談合が、現在ではほとんど見られなくなっているとのことである。「談合は日本の風土に根ざしたものであり、根絶することは難しい」と悲観的に考える人が多いが、どの国であろうと、談合規制が緩ければ、事業者は「手っ取り早く儲ける手段」として談合に走るのが通例であり、わが国の事業者だけがとりわけ談合志向が強いわけではないと考えられる（日本弁護士連合会消費者政策委員会「アメリカの入札制度についての報告書」2000年、35頁）。

　米国は、1980年以降、談合やカルテルを減らすための法制度の整備を行った。これを整理すると、第1は罰則の強化など談合をすると損をする仕組みの導入、第2はリーニエンシー制度の導入など談合が発見されやすい仕組みの構築、第3は一般競争入札を義務付ける「入札における競争法」制定など談合のしにくい入札制度への改革である。

2 わが国における入札改革の歴史

1 談合が蔓延していた時代

　かつてわが国のほとんど全ての発注機関が、公共工事の発注に際して、行政裁量の大きい指名競争入札方式を採用するとともに、「工事完成保証人制度」を採用していた。この制度は、請け負った工事を途中で投げ出した建設業者に代わって当該工事を完成させる建設業者（すなわち工事完成保証人)を、相入札業者（一緒に入札に参加する業者)から選ばせる仕組みである。談合破りをした業者の工事完成保証人になる者はいないだろうから、この制度は実質的に、談合破りを防止する機能を果たしていた。つまり、発注機関自らが、入札制度に談合の実効を確保する仕組みを取り入れて談合を助長していたことになる。かかる行為は「広義の官製談合」に該当するのはもちろんのこと、「入札談合等関与行為の排除及び防止並びに職員による入札等の公正を害すべき行為の処罰に関する法律」（以降「官製談合防止法」という）2条5項4号の入札談合を幇助する行為に該当する可能性がある。「工事完成保証人制度」は、平成6年の政府の行動計画において廃止が決定されるまで続いていたので、それ以前のわが国は「官製談合が蔓延していた」といっても過言ではない。

2 入札改革が始まるきっかけ

　平成5年、茨城県、仙台市、宮城県など地方自治体の首長が関与する建設談合が明るみになり、大きな社会問題となった。これを契機として平成6年、政府は「公共事業の入札・契約手続の改善に関する行動計画」を閣議決定し、一般競争入札方式の範囲拡大を行う等により入札談合等の不正行為の防止措置を着実に推進していく決意を示した。この時点が、わが国における入札改革のスタートである。

③　入札改革の口火を切った地方自治体

　しかし、国段階における入札改革は遅々として進まず、先行したのは
フットワークの軽い地方自治体であった。まず、平成10年に神奈川県
横須賀市が、一定の能力があれば誰でも入札に参加できる仕組み（すな
わち一般競争入札）を全面的に導入し、入札改革の口火を切った（詳細
は拙著『談合を防止する自治体の入札改革』学陽書房、平成20年、202
頁以降参照）。その後、宮城県（平成14年から実施）、長野県（平成15年
から実施。詳しくは前掲書168頁以降参照）などの自治体が入札改革を
スタートさせ、これが次第に全国の自治体に広がっていった。

④　国段階における入札改革

① 　入札契約適正化法の制定

　国においても、平年12年から大きな進展があった。すなわち、平成
12年に「公共工事の入札及び契約の適正化の促進に関する法律」（以降
「入札適正化法」という）が制定され平成13年2月から施行された。こ
の法律は、国が入札の適正化のために取り組むべきガイドライン（適正
化指針）を定めるとともに、国・特殊法人・地方自治体等の発注機関に
対し、入札の過程および契約内容の公表、談合情報の公正取引委員会へ
の通報義務づけのほか、入札事務を監視するための第三者機関の設置等
を規定している。本法は、公共入札を適正化するために欠くことのでき
ないきわめて重要な法律である。

② 　官製談合防止法の制定

　平成14年には、別項（77頁参照）で説明するような経緯から官製談
合防止法が制定された（平成15年1月施行）。

　この法律は、発注機関の職員が、①談合を仕向けたり、②「天の声」
を発したり、③秘密情報を漏らしたりする行為を「官製談合等関与行
為」（いわゆる官製談合）と定義し、これらの行為を行った職員に対し、
損害賠償請求や懲戒処分を行い得る仕組みを定めている。本法は、それ
まで発注機関の職員により当たり前のように行われてきた官製談合を

「違法なもの」と認識させる意味で画期的な法律であった。

　同法は、平成18年、官製談合をより一層抑制する目的で改正され、4番目の入札談合等関与行為として「談合を幇助する行為」を追加するとともに、発注機関職員が入札に関する秘密を教示するなどにより入札等の公正を害すべき行為を行ったときは5年以下の懲役又は250万円以下の罰金に処する旨の規定が追加された（平成19年3月施行）。本法の罰則規定は、公正取引委員会が官製談合と認定しない場合においても適用されることになっており、別項（84頁）のとおり近年、積極的に適用されている。

③　谷垣財務大臣通知による一般競争入札の原則化

　平成18年、地方自治体に比べて遅れていた国の入札改革が大きく前進することになる。すなわち、国は平成18年8月、「広範囲にわたり、安易に随意契約を行うなど必ずしも適切とはいえない事例があるのではないかとの指摘が行われるなど、国民に対する説明責任を十全に果たしているとはいえない状況になっている」との認識に立ち、谷垣禎一財務大臣（当時）名で、「公共調達の適正化について」（以降「財務大臣通知」という）を発し、随意契約によらざるを得ない場合を除き、原則として一般競争入札（総合評価方式を含む）による調達を行うこと、従来、競争性のない随意契約（すなわち特命随意契約）を行うこととしてきたものについては、一般競争入札又は企画競争若しくは公募を行うことにより競争性および透明性を担保することを示した。

　そして、本方針に基づき、競争性のない随意契約（すなわち特命随意契約）が認められる条件をきわめて限定的に示した（詳しくは拙著『公共入札・契約手続の実務』学陽書房、平成25年、25頁参照）。

　以降、独立行政法人を含めた各政府機関の入札は、この財務大臣通知に基づいて一般競争入札の原則化が図られている。

コ ラ ム

談合の実効確保手段となっていた「工事完成保証人制度」

　「工事完成保証人」とは、建設工事の契約者が工事の履行ができなくなったときに、これに代わって工事を完成させる業者のことである。

　落札者は、契約上、発注機関と工事契約をする段階で工事完成保証人を選定しなければならないことになっており、この保証人を、入札指名を受けた業者（すなわち「相入札業者」）の中から選定する仕組みを「工事完成保証人制度」という。

　発注機関としては、この工事をするのに相応しいとして複数の業者を指名したのだから、この業者の中から工事完成保証人を選定するのが適当と考えてこのような仕組みを採用したのであろう。しかし、指名競争入札制度の下では、この仕組みは、「談合破り」を防止する機能を果たしていた。

　すなわち「談合破り」をした業者が落札した場合に、指名業者の中に工事完成保証人になってくれる業者がいれば良いが、いない場合がほとんどであり、結局、工事完成保証人が見つからずに契約が「無効」になってしまう。

　このような「工事完成保証人制度」を、かつて全国のほとんど全ての発注機関が採用していた。しかし、この制度は談合を誘発させる仕組みであるとの公正取引委員会の指摘に基づいて、平成6年の政府の行動計画において、廃止が決定された。現在では、この制度を採用している発注機関はほとんどないと思われるが、かつて発注機関側が、「談合破り」を防止する機能を有する「工事完成保証人制度」を自ら採用していた「事実」があったことを忘れてはならない。

3 一般競争入札が「契約の原則」とされている理由

1 会計法の定め

　会計法29条の3は、「契約担当官及び支出負担行為担当官（以下「契約担当官等」という）は、売買、貸借、請負その他の契約を締結する場合においては、3項（注：指名競争入札）及び4項（注：随意契約）に規定する場合を除き、公告して申込みをさせることにより競争に付さなければならない」とし、指名競争入札又は随意契約が認められる場合を除いて、公告して申込みをさせることにより競争に付す、つまり、一般競争入札に付すことを原則としている。

2 地方自治法の定め

　地方自治法234条1項は、「売買、貸借、請負その他の契約は、一般競争入札、指名競争入札、随意契約又はせり売りの方法により締結するものとする」と定め、同条2項では「前項の指名競争入札、随意契約又はせり売りは、政令で定める場合に該当するときに限り、これによることができる」と規定し、一般競争入札を原則としている。

3 「入札」が果たす機能と「納税者の求める4つの条件」

　「入札」とは、競争を通じて「誰に受注させるか（契約の相手方）」およびいくらで受注させるか（契約の価格）を「同時に決める仕組み」であり、発注担当者の裁量（恣意性）を極力排除する方法として採用されている。
　また、「入札」は、次の「納税者の求める4つの条件」を遵守することが要請されている。

第1　納税者に税金の使い方が分かるようにする（透明性の確保）
第2　税金を効率的に使う（競争性・効率性の確保）
第3　税金を恣意的に使ってはならない（客観性の確保）

第4　税金を政治家や役人のために使ってはならない（公正・公平性の
　　　確保）

　これらの条件を満たす入札制度は一般競争入札以外には考えられない
として、会計法規において一般競争入札が契約の原則とされているので
ある。

4　入札制度に恣意性が入り込むことの弊害

　一般競争入札を採用すれば、「契約の相手方」を決める手続きから
「発注者の恣意性」が一切排除されるし、また、自由な競争を通じて
「契約の価格」が決められるから、「納税者の求める4つの条件」のすべ
てが満たされる。したがって、納税者の利益を考えた場合、一般競争入
札が最も相応しい入札制度であり、現在のところ、これに代わり得る仕
組みは見つかっていない。

　これに対し、随意契約の場合は、誰を契約の相手方にするかを発注者
が恣意的に決められる仕組みなので、透明性、客観性、公正・公平性が
確保されないし、また、競争にさらされないので効率性の確保ができず、
したがって「納税者の求める4つの条件」は満たされない。

　また、指名競争入札の場合は、競争を通じて契約の相手方と価格を決
めるという点では一般競争入札と同じであるが、一般競争入札の場合は
発注者が入札参加者を「選べない」のに対し、指名競争入札の場合は
「選び得る」という点で決定的な違いがある。発注者が、入札参加者を
恣意的に選び得るため、例えば、次のようなケースが起こり得る。これ
らのケースは、いずれも筆者が関係者から直接聞き及んだことである。

①　A町では、選挙に勝利した首長が、任期中、支援してくれた建設業
者のみを指名し、相手方候補を応援した建設業者は一切指名しないとい
う慣行が長く続いていた。このため、町長選挙は建設業者の死命を制す
る出来事になり、非町長派の候補を応援した建設業者の中には廃業に追
い込まれる者が少なくなかった。

② 　B中央官庁は、ある建設工事の入札において10社の建設業者を指名したが、そのうち9社は明らかに当該建設工事の受注を希望しない業者で、当該工事を希望していたC社・D社のうち指名されたのはC社1社のみであった。指名の仕方を見て、D社らの建設業者は「これは "C社に受注させろ" という "天の声" だ」と直感したという。

　以上の2つのケースは、いずれも指名競争入札でなければ起こり得ない。とりわけ、ケース②は、指名の仕方によっては指名競争入札でも、実質的に特命随意契約のようなことが可能になることを意味している。
　なお、このような行為は、一般競争入札の導入によってできなくなる。
　また、一般競争入札の場合、「誰が入札に参加するか」が誰にも分からないから、これが「かく乱要因」となって「談合がしにくい」のに対し、指名競争入札の場合は「誰が入札に参加するか」があらかじめ決まっているから「談合がし易い」という問題もある。
　以上のとおり、随意契約や指名競争入札は、何らかの形で発注者の恣意性が入り込む余地があるから、「納税者の求める4つの条件」のすべてが満たされることはない。
　すべての条件を満たすことができるのは、発注者の恣意性を一切排除した一般競争入札以外にはあり得ないとして、一般競争入札が、地方政府を含め「政府調達の原則」とされているのである。
　なお、最近、総合評価方式一般競争入札が導入されているが、非価格要素の配点・評価の過程で発注者の恣意性が入り込む可能性がある。したがって、総合評価方式一般競争入札の場合には、「納税者の求める4つの条件」のすべてを満たすことはできない。

コラム

防衛省市ヶ谷地区施設の管理運営業務を一般競争入札に付した問題
1　防衛省北関東防衛局入札監視委員会の提言
　以下は、防衛省北関東防衛局入札監視委員会の提言であり、同局ホームページから引用した。

＜問題の所在＞

　防衛省本省を含む同省市ヶ谷地区施設の建築設備・電気設備・機械設備・制御設備等の保守点検業務等11の管理業務（予定価格69億8159万１千円。以下「市ヶ谷地区施設の管理業務」という）を一括して一般競争入札に付している。このような国家機密の保持がとりわけ重要と思われる建物の保守管理業務を一般競争入札に付すことが適当か。

＜問題点の検討＞

1　一般競争入札に付した理由

　市ヶ谷地区施設の管理業務は、「競争の導入による公共サービスの改革に関する法律」（以下「公共サービス改革法」という）に基づき、一般競争入札方式に付されたものである。

(1) 公共サービス改革法について

　本法は、公共サービスについて、「民間が担うことができるものは民間にゆだねる」観点から、「民間事業者の創意と工夫が反映されると期待される一体の業務を選定して官民競争入札又は民間競争入札に付すことにより、公共サービスの質の向上及び経費の削減を図る」ことを目的とし、そのための入札手続等を定めるものである。

　すなわち、内閣総理大臣は、①あらかじめ国の行政機関の長と協議して「公共サービス改革基本方針」の案を作成し、閣議の決定を求めなければならず（第７条第１項）、②基本方針には、競争の導入による公共サービスの改革に関し政府が講ずべき措置についての計画や民間競争入札の対象として選定した国の行政機関等の公共サービスの内容およびこれに伴い政府が講ずべき措置に関する事項等を定めるものとし（同条第２項）、③政府が講ずべき措置等を定めようとするときは、あらかじめ、民間事業者が公共サービスに関しその実施を自ら担うことができると考える業務の範囲及びこれに関し政府が講ずべき措置について、民間事業者の意見を聴く旨（同条第３項）等を規定している。

(2) 対象公共サービスの選定の考え方

　平成22年７月、公共サービス改革法第７条第１項に基づいて閣議決定された「公共サービス改革基本方針」の「対象公共サービスの選定の考え方」では、対象となる公共サービスは、下記の①から⑤を踏まえ、個別具体的に業務の特性に考慮し選定することとされている。

①業務の内容及び性質に照らして、必ずしも国の行政機関等が自ら実施する必要性がない業務であるか否か。

②業務の質の維持向上及び経費の削減を図る上で、実施主体の創意と工夫を適切に反映させる必要性が高い業務であるか否か。

③会計法令に基づき従来から実施されてきた入札手続に比し、より厳格な透明性及び公正性を担保する入札手続により、透明かつ公正な競争を実施することが必要な業務であるか否か。

④民間事業者が当該業務を実施することとなった場合、その業務の公共性に鑑み、従来から民間委託の対象とされてきた業務に比し、より厳格な監督等を行うことが必要であるか否か。

⑤国の行政機関等が入札に参加する意向を有しているか否か。

（3）防衛省関係の対象公共サービス

「公共サービス改革基本方針」の別表には、公共サービス改革法第7条第3項に基づき公表すべき政府が講ずべき措置等が行政機関別に列挙されており、「防衛省・自衛隊」関係分として、「市ヶ谷地区」「目黒地区」「三宿地区」および「十条地区」に係る施設等の管理運営業務などの業務が特記されている。

2　一般競争入札等に付すことの問題点

（1）防衛省は、わが国の平和と独立を守り、国の安全を保つことを目的として設立されたもの（防衛省設置法3条）であり、仮に機密が漏れたような場合には国家の安全が損なわれるおそれがあるという意味で、一般の省庁以上に機密の保持には厳格さが要請される。その意味で、防衛省の機密保持体制は万全であるということを国民に示すことが、その信頼を得る最大の要因であると考えられる。

（2）もとより、公共サービス改革法の「民でできるものは民に任せる」という基本的な考え方や競争性のない随意契約を厳しく制限し競争性を高めるという考え方は重要であり大いに推進すべきであると考えられる。しかしながら、「市ヶ谷地区の施設」は、米国のペンタゴン（国防総省）に相当する防衛省本省が入居する建物であり、そのような建物の管理業務を「誰でも一定の能力があれば入札参加できる」一般競争入札に付すことは、一般の国民に「防衛省の機密保持体制は本当に万全なのか」との疑念を抱かせるおそれがあるのではないか。

（3）このような特殊な建物の管理業務については、職員の再雇用制度を活用するなどの方法により防衛省自らが管理運営した方が一般国民も安心すると考えられる。

（4）以上のことは、「公共サービス改革基本方針」の別表に特記されている「目黒地区」「三宿地区」および「十条地区」の管理業務や「防衛装備品の補給・維持業務」「防衛省中央OAネットワーク・システム運用管理業務」についても該当する。

＜提言＞

1　市ヶ谷地区施設保守管理業務の取引の相手方を一般競争入札により
　選定することは、国家機密の保持の観点から適当ではないと考えられ
　る。市ヶ谷地区施設のような国家機密の保持がとりわけ重要な建物の
　保守管理業務については、一般国民に安心感を与えるため、職員の再
　雇用制度を活用する等によって防衛省が自ら実施する方法を検討すべ
　きである。

2　同様に、「公共サービス改革基本方針」の別表に特記されている「目
　黒地区」「三宿地区」および「十条地区」の管理業務並びに「防衛装備
　品の補給・維持業務」および「防衛省中央OAネットワーク・システ
　ム運用管理業務」についても、一般競争入札に付すことが国家機密の
　保持上問題がないかどうかを検討すべきである。

2　著者の解説とコメント

　防衛省が一般競争入札により発注した市ヶ谷地区施設は、米国のペン
タゴン（国防総省）に相当する建物である。この市ヶ谷地区施設の管理
業務を、「民でできるものは民に任せる」という政府方針に従い、防衛省
が、一定の能力があれば誰でも参加できる一般競争入札により発注した
件について、第三者機関である北関東防衛局入札監視委員会が、「国家機
密漏洩防止等の観点から問題がある」と指摘したものである。

　筆者は、この入札監視委員会の委員長として本提言の原案作成に携
わった。筆者は、米国政府であれば、国家機密の巣窟のようなペンタゴ
ン施設の管理業務を一般競争入札により発注することは絶対にしないと
考えた。なぜならば、一般競争入札では、仮想敵国に関係する業者が受
注する可能性が否定できず、国家機密が漏洩する危険性があるからであ
る。一般競争入札の行き過ぎを実感するとともに、わが国の国家機密の
保持という視点の欠如に強い危機感を抱いた。しかし、本件は、この時
点で契約済みでやり直すことはできなかった。「民でできるものは民に任
せる」という観点は重要であるが、国家機密の保持がとりわけ重要な施
設の管理業務まで一般競争入札により民間に担わせるのは行き過ぎであ
り、今後は、退職した自衛隊員を再雇用して担わせるなどの方法を採用
すべきであると考えてこの提言をするに至ったのである。

4 指名競争入札の長所と短所

1 会計法の定め

　会計法上、指名競争入札が認められるのは、①契約の性質又は目的により競争に加わるべき者が少数で一般競争入札に付する必要がない場合、②一般競争入札が不利と認められる場合で、具体的には政令で定めるとされている（29条の3第3項）。

　「予算決算及び会計令」（以降「予決令」という）94条では、会計法29条の3第3項の規定により指名競争が認められる場合を、以下のとおり、具体的に示している。

① 予定価格が500万円を超えない工事又は製造をさせるとき。

② 予定価格が300万円を超えない財産を買い入れるとき。

③ 予定賃借料の年額又は総額が160万円を超えない物件を借り入れるとき。

④ 予定価格が100万円を超えない財産を売り払うとき。

⑤ 予定賃貸料の年額又は総額が50万円を超えない物件を貸し付けるとき。

⑥ 工事又は製造の請負、財産の売買及び物件の貸借以外の契約でその予定価格が200万円を超えないものをするとき。

2 地方自治法の定め

　地方自治法施行令167条では、「地方自治法第234条第2項の規定により指名競争入札によることができる場合」として、次の3点を挙げている。

① 工事又は製造の請負、物件の売買その他の契約でその性質又は目的が一般競争入札に適しないものをするとき。

② その性質又は目的により競争に加わるべき者の数が一般競争入札に

付する必要がないと認められる程度に少数である契約をするとき。
③　一般競争入札に付することが不利と認められるとき。

③　指名競争入札のメリット・デメリット

指名競争入札は、「不良不適格業者を排除し、信用のおける業者に仕事を頼める」というメリットがある反面、2つの弊害をもたらす。

第1は、指名競争入札の下では発注機関から指名されない限り入札に参加できず、通常、指名されるのは5〜10社に限られるから、談合を誘発する危険性が高いということである。

第2は、発注者の恣意が入り込みやすい指名競争入札の下では、「政官業の癒着」が生まれやすいということである（具体的なケースは9頁で紹介）。

会計法や地方自治法では、一般競争入札が原則とされ、指名競争入札は「例外」扱いであったが、実態はその逆で、長い間、指名競争入札が原則とされ一般競争入札は例外扱いされてきた。これは、指名競争入札を行う「メリット」が専ら発注者側にあったことによる。しかし、その発注者側にもたらされる「メリット」は、実は、納税者にとってメリットにならないばかりか、デメリットになるということを忘れてはならない。

受注業者は、発注機関から指名を受けない限り競争に参加できず、発注機関から指名を受けられなくなった業者が倒産に追い込まれた例もある。ところが、発注機関の「指名」という行為は行政裁量であるから、範囲逸脱や濫用がない限り、訴訟の対象にはならない。広範な裁量権を有する発注機関が、それを背景にして常に受注業者に対して取引上優越した地位を保ち、一方では、受注業者は、常に発注機関に対して取引上劣位に置かれることになる。このような状況を評して、公共工事を請け負う建設業者は自らを「請け負け産業」と自嘲的に言うようになったのである。

そこで、受注業者は、発注機関の裁量（便宜供与）を期待して、①発注機関の契約担当者等に供応接待や贈答をする、②契約担当者等の先輩

を役職員として迎える、③政治家を通じて契約担当者等に影響力を及ぼすなどの"努力"をするようになる。

　平成19年に問題になった防衛省元幹部と受注業者との癒着ぶりは①に該当する。また、②はいわゆる「天下り」、③はいわゆる「口利き」と言われる行為である。

　受注業者が契約担当者等に供応等をするのは、契約担当者から一定の便宜を受けることを期待してのことである。この場合、これに要する経費は、受注業者が契約担当者等から得た便宜の「キックバック（割戻金）」ともいえる。契約担当者等が「キックバック」を私的に受け取るケースが①であるが、これは、防衛省の例でも明らかなように、犯罪として摘発されるおそれがある。これに代わって多用されるのが②であり、この方法であれば自分たちが直接「キックバック」を受け取るわけではないから、犯罪を構成するおそれはない。それに中央官庁の場合は実質的な定年が早い（とりわけキャリア官僚の大半は50歳前半までに退職するという慣行があった）から、自分たちの退職後の職場を確保しておく意味も含めて、受注業者やその関係団体に対し、自分たちの先輩の再就職を依願するのである。そうすれば人事のローテーションが早まり自分たちの昇進が早まるという配慮も働いている。このほか、契約担当者等が推薦する政治家（これも「自分たちの先輩」であることが多い）の選挙の応援を依頼するなどの方法もある。②および③の方法は、「キックバック」を個人的に受け取るのではなく組織的に受け取る方法として多用されている。しかし、「キックバック」がいずれ納入価格に転嫁され、最終的に納税者が負担することは目に見えている。

　要するに、契約担当者等がこれらの「キックバック」を受け取ることができたのは「裁量行政（指名競争入札制度）」の存在があったからにほかならない。最近、指名競争入札を復活させる動きがあるが、これを許すことは時計の針を逆に回すことになりかねない。

コラム

受注予定者が行う「関係者」への3つの働きかけ

1　3つの働きかけ

①第1の働きかけ

　談合とは、入札参加者が入札前に話し合って受注予定者を決め、受注予定者以外の者は受注予定者が受注できるよう協力する行為である。したがって、入札参加者が全て談合仲間（以降「インサイダー」という）であれば談合は完璧に遂行し得るが、1社でも談合に与しない業者（以降「アウトサイダー」という）が存在する場合にはそうはいかない。そこで、受注予定者がまず行う第1の行動は、「アウトサイダーが指名されることのないよう関係者に働きかける」ことである。

②第2の働きかけ

　この「働きかけ」が功を奏し、アウトサイダーが指名されなければ談合は完璧に遂行し得る。しかし、指名業者名は非公表が原則なので、本当にアウトサイダーが指名されていないかどうかはわからない。談合では、発注機関から指名を受けたインサイダーにその旨を談合組織に通知する義務が課されることが通例なので、受注予定者は指名業者のうちインサイダーは把握し得るがアウトサイダーまでは把握できない。そこで、受注予定者が入札までにしなければならない第2の行動は、「指名業者の全てを把握するために関係者に働きかける」ことである。

③第3の働きかけ

　談合は、落札価格の決定を受注予定者に一任するカルテルである。それゆえ受注予定者は、予定価格を予測し、これに近い価格（受注予定者にとっての最高利益が得られる価格）で入札するとともに、インサイダーには自らの入札価格を連絡し「この価格より低い価格では入札しないように」依頼するのが通例である。予定価格が事前に公表されている場合や官製談合の場合は別であるが、予定価格が秘密情報とされている場合にはこれを探る必要がある。

　すなわち、受注予定者がしなければならない第3の行動は、「予定価格を把握するために関係者に働きかける」ことである。

2　働きかける相手（関係者）

　受注予定者が入札前にしなければならないことを3点に整理したが、

その相手方である「関係者」は次の3者が考えられる。

ア　発注機関の現職職員
イ　議会の議員
ウ　「天下り」した発注機関の元幹部職員

　アは、当該職員等が、場合によっては刑罰や懲戒処分を受けるかもしれないという意味で高いリスクを負っている。したがって、受注予定者が、よほどモラルの低い職員を見つけるか又は日頃から当該職員とよほど親密に付き合っていないと実現は困難である。

　そこで、次善の策としてイ・ウの方法が採用される。別項で詳しく紹介する横浜市のケース（212頁参照）は、市会議員が業者の求めに応じて市の幹部から予定価格を聞き出したものでイに属する。発注機関の幹部にとって、人事や予算案等の重要案件の審議で日頃世話になっている議会の幹部議員から直接依頼を受けたような場合には、この依頼を断るのは至難の技である。これを見越してか、イを通じて予定価格を聞き出すことが少なくない。ただし、この方法は、横浜市のケースで見られるように、議員だけでなく職員等も刑事罰の対象となる危険性がある。したがって、発注機関の幹部は、予定価格を聞かれた場合には大まかな金額を教えることはあっても具体的な金額を教えることは稀である。

　その点、ウの「天下り」は、最もリスクが少なく多用されてきた。ただし、受け入れた発注機関の元幹部の人件費を負担し得る経済力のある事業者にしか使えない手段であるため、中小業者はリスクが高いアを採用せざるを得ないのが実情である。

　なお、一般競争入札を全面導入し、かつ予定価格の事前公表を行っている発注機関については、本コラムで述べた3つの「働きかけ」は無用である。

　随意契約が認められる場合

① 「見積合わせ」と「特命随意契約」

　随意契約には、「見積合わせ」と「特命随意契約」の2種類があり、競争性の有無の観点からみると、両者は全く異なった性質を有している。

　「見積合わせ」は、予決令99条の6の「契約担当官等は、随意契約によろうとするときは、なるべく2人以上の者から見積書を徴さなければならない」との規定に基づいて、発注者が複数の業者から見積書を提出させ、最低価格を提示した業者を契約の相手方としその者が提示した価格を契約価格とする仕組みである。競争を通じて「取引の相手方」および「取引の価格」を同時に決める「入札」と実質的に変わらない。したがって「競争入札」だけでなく「見積合わせ」も含めて談合の対象にされることが多い。

　一方、「特命随意契約」は、取引の相手方をあらかじめ発注者が決め、この者と相対で価格を決める仕組みであり、競争は一切排除される。なお、前述（6頁）の財務大臣通知の「競争性のない随意契約」とは「特命随意契約」のことである。

② 随意契約の長所と短所

　特命随意契約による場合は、「入札」という手続きを踏まないため、発注手続が簡単（ただし、事後に会計検査院等のチェックを受けなければならないという煩しさはある）で、しかも、発注者が、その意思で「契約の相手方」を決めることができる。また、契約の相手方との相対で「契約価格」を決めることができるので、信用のおける特定の業者に仕事が頼め、かつ、この業者に確実に利益を与えることができる。

　しかし、特命随意契約は、競争にさらされないため、問題も少なくない。

　まず、発注手続が不透明で、納税者に「発注者と受注者が癒着しているのではないか」との疑念を与える、つまり、「透明性」が確保されな

いという問題がある。また、競争にさらされないので、契約価格が適正なものかどうか不確かで、納税者に「割高になっているのではないか」との疑念を持たれる可能性がある。つまり、「経済性」「効率性」が確保されないという問題がある。さらに、発注者が特命随意契約を濫用する危険性も少なくない。例えば、首長が自分の有力な支持者に優先的に自治体の建設工事等を発注するとか、契約担当者等が、将来の天下り先を約束してくれた業者に優先的に建設工事等を発注するなどの便宜を図ることが可能になる。したがって、「特命随意契約」は、契約手続の客観性および公平・公正性が確保されない。

それゆえ、会計法や地方自治法では、特命随意契約は極めて限定的にしか認められていない。

そこで、きわめて限定的にしか特命随意契約を認めないとする会計法や地方自治法を実質的に「すり抜ける便法」として、「官製談合」という手法が編み出されたのではないかと、筆者は睨んでいる（10頁で紹介した「ケース②」はこれに該当する）。

官製談合は、発注機関自体が物件ごとに受注予定者を決め、これを入札参加者（これも発注機関が指名する）に伝え、入札参加者は発注機関の指示に従って行動するというものであり、形式的に入札に付すものの、実態は特命随意契約に他ならない。

官製談合は、①受注業者に違法行為をしているという「後ろめたさ」を感じさせない、②「談合破り」が出ないので長期安定的に談合ができる、③公正取引委員会にとって発見しにくいという問題に加えて、特命随意契約がもたらす弊害（契約担当者等の汚職や業者との癒着など）を引き起こすという問題がある。

6 発注機関が「買い手の立場」と「売り手の立場」を兼ねるとどうなるか

　最近、不祥事の発生を防止するため入札改革を始めた自治体が、その後、競争が激化して落札価格が大幅に低下し地元業者を疲弊させてしまうなどの理由から、指名競争入札を復活させたり最低制限価格を引き上げたりして、改革を「後戻り」させる動きが目立っている。

　こうしたことが起こるのは、発注機関が相対立する二つの立場、すなわち、競争を通じてできるだけ良いものをできるだけ安く調達するという「買い手の立場」と、監督官庁として業者を育成するという「売り手の立場」の両方の立場を兼ねているところに原因がある。発注機関は、これら相反する二つの立場を、いわば「右足」と「左足」のように使い分け、指名競争入札の時代は常に左足（売り手の立場）で立っていたが、それが行き過ぎて業界との癒着や不祥事などが発生し批判を受けると、これに応える形で重心を右足（買い手の立場）に移して入札改革などに着手する。しかし、右足に重心を移し過ぎていると業界等から批判を受けるため、今度は再び左足に重心を移そうとしているように見える。

　発注機関の場合、「買い手の立場」に立つ入札・契約部門が、「売り手の立場」に立つ業界育成部門（例えば、土木部とか県土整備部）の一組織として位置づけられているところが少なくない。こうした自治体では「買い手の立場」に立つ契約部門が「独立して職務を行い得る」体制にはなっていない。これでは発注機関が「買い手の立場」に立った行動に徹することはできないだろう。

　入札改革をいち早く実行し、その後も「後戻り」をさせていない自治体は、おしなべて、「買い手の立場」に立つ契約担当部門と「売り手の立場」に立つ業界育成部門とを切り離し、契約担当部門が「独立して職務を行い得る」体制にしている。

　他の発注機関もこれらの自治体にならって、契約担当部門を業界育成部門から組織的に切り離す必要がある。

7 入札改革に受注業界の意見も取り入れるべきか

1 緊張関係にある「買い手」と「売り手」の立場

　ある自治体が、入札改革を検討するための委員会を設置し、委員の一人に建設業協会の会長を選んだ。これは、「建設業界は入札改革によって大きな影響を受けるから、その代表者を委員に入れておいたほうが適当」と考えてのことである。

　筆者はこの人事を聞いて「入札改革が骨抜きになるか、あるいはこの会長の立場を難しくするかのいずれかだ」と思った。結果は後者であった。委員会の入札改革案が発表されるや、その会長は、会員から「あなたが委員として入っていながら、どうしてこのような内容になったのか」と追及され、辞任を余儀なくされた。

　確かに、建設業者は入札改革によって大きな影響を受ける。しかし、「建設業者は入札改革の影響を受けること」と「建設業者の意見を聞いて入札改革を行わなければならないこと」とは別問題であるのに、これを混同する自治体が少なくない。

　例えば、株主等から効率的な原料調達を求められている自動車会社が、原材料である鋼板を購入する際、どのような買い方をすべきかを売り手である製鉄会社に聞くことはない。それは、鋼板をどのように買うかは、買い手である自動車会社自身が決めることであって、売り手と相談して決める事柄ではないからである。

　一般に、買い手と売り手は、一方が有利になれば他方が不利になるというように利害が対立する。つまり、緊張関係にある。だから、買い手から「どのような買い方にするのがよいか」と尋ねられたとしても売り手は答えようがなく、せいぜい「取引条件を悪くするような買い方をしないでほしい」と答えるしかない。

　入札改革とは、公金の支出を住民から付託された発注機関が、公金をもっとも効率よく支出するためにはどのような入札・契約制度であるべきかを検討し実行することであり、基本的には納税者の立場に立って行

うべき事柄なのである。

2　入札改革は「買い手」の立場で行うべき

　建設業者らが「自分たちも納税者だから、自分たちの意見も聞くべきだ」と主張していると聞いた。しかし、これは誤解に基づくものである。もっとも身近な例で考えれば、マンションの改修工事をたまたまそのマンションの住民である建設業者が受注したとしよう。この場合、その者は、マンションの住民と受注業者という利害が相対立する2つの立場を兼ねることになる。マンションの住民の立場からは工事費が安いほうが良いが、受注業者の立場からは工事費が高いほうが良い。この者が、どちらの立場を優先するかは言わずとも明らかである。

　建設業者が入札改革の影響を受けるのは、「買い手の"買い方"が売り手の利害に深く関わっている」からに過ぎない。したがって、発注機関が納税者の立場に立って「良いものを安く調達する」という行動（つまり入札改革）を実行した場合、建設業者らの利益にはならないことが少なくない。それゆえ、旧来の入札制度の下で利益を享受してきた建設業者ほど入札改革に反対する傾向がある。そうした建設業者らが反対するからといって、改革に着手するのをためらう、あるいは一旦着手した改革を後退させる発注機関があるとすれば、それは納税者の立場に立っていないことを意味する。

　くり返しになるが、買い手と売り手は利害が対立する緊張関係にあり、どのような買い方をするか（つまり、どのような入札改革をするか）は、買い手である発注機関が自ら決めることであり、売り手である建設業者らの意見を聞いて決めるべき事柄ではない。

8 入札改革と地元業者の保護・育成策の両立は可能か

1 指名競争入札による談合擁護

　入札改革が始められる前には、ほとんどの発注機関は、WTO（世界貿易機関）が一般競争入札を義務付けている一定規模を超える発注物件を除き、ほぼ全面的に指名競争入札を採用し、指名業者の選定に当たり地元業者を優遇することにより、その保護・育成を図ってきた。さらに、発注機関自らが、談合破りを防止する効果を有する「工事完成保証人制度」（4頁参照）を採用するなど、談合を擁護する姿勢をとってきた。談合を擁護するまではしない発注機関でも、談合が存在しても、地元業者の保護・育成のためにはやむを得ないこととして「見て見ぬふり」をしてきたところが少なくない。

　「談合は、納税者が納めた税金を横取りする行為である」との認識が高まるなど、談合に対する社会的な非難が高まった現在においては、さすがに「談合を認めて業者に不当な利益を確保させることが地元業者の保護・育成につながる」と考えるような発注機関は存在しないと考えられるが、現在においても、一定規模以下の小規模工事については指名競争入札を採用し、その結果、長い間、高落札率が維持されるなど談合の疑いが持たれているにもかかわらず、これを改めようとしない自治体が存在するのも事実である。

2 競争制限による保護政策の間違い

　「護送船団方式」と称される競争制限による保護政策が長年続いた日本の金融業界が、この政策によって国際競争力を失った話はつとに有名である。「護送船団」とは、戦時において航空母艦を中心に巡洋艦、駆逐艦など多くの船が一団となって行動することをいう。

　日本では、平成8年から13年にかけて「ビッグバン」と称される金融自由化が推進されたが、その前までは、銀行の預金金利や生命保険・損害保険の保険料は、大蔵省（当時）の指導の下、全社一律に統制され、

競争は一切排除されてきた。

　それでは、全社一律の保険料率はどのような水準に決められていたのであろうか。それは、保険会社の中で一番コストが高いところでも採算が合う水準に決められる。なぜなら、ある保険会社が採算割れをする水準に保険料率を定めた場合、その保険会社が倒産するおそれがあるからである。このような金融機関に対する保護策は、最も速度の遅い船の能力に合わせれば船団が同一行動をとり得るという「護送船団における速度を決める仕組み」に似ているというので「護送船団方式」と称されるようになった。

　「護送船団方式」の下では、コスト削減を促す市場圧力が働かない。それゆえ、日本の金融機関は、コスト削減の努力を忘れ、次第に国際競争力をなくしていったのである。このことは、そのまま建設業界の場合にも当てはまることである。

　どの産業であっても、自由で公正な競争がないと事業者の競争力は強くはならない。つまり、自由で公正な競争を排除した「地元業者の保護・育成策」は、決して「真の保護・育成策」にならないことを肝に銘ずべきである。

9 受注事業者に対する地元業者の下請利用の義務付けは可能か

1 事案の概要

　D市は、市内の建設業者団体の要望を受けて、地元業者の受注機会の確保を目的に、「一般競争入札により発注する建設工事の受注事業者に対し、工事を下請業者に発注する場合における地元業者の利用を義務付け、その旨を条例に規定することを考えているが、『私的独占の禁止及び公正取引の確保に関する法律』（以降「独占禁止法」という）上問題がないか」と公正取引委員会に相談した。

2 公正取引委員会の回答要旨

　これに対する公正取引委員会の回答は、おおむね、以下のとおりである（公正取引委員会「地方公共団体職員のための競争政策・独占禁止法ハンドブック」平成31年3月、44頁以降）。

① 　D市が、建設工事について一般競争入札を実施するに当たり、受注事業者に対し、下請利用を地元業者に限定する旨の条件を設定すること自体は、独占禁止法上の問題ではない。

② 　D市が、下請発注する事業者を地元業者に限定させるに当たって、受注事業者に対する一般的な要請により行う場合には、地元業者も含めてどの事業者にするかについて、当該受注事業者の自主的な判断に委ねられる。しかし、一般的な要請を超えて受注事業者に地元業者の下請利用を義務付ける場合には、受注事業者は、下請発注する事業者を自由に決定することはできず、当該受注事業者の自由な事業活動を制限することになる。

③ 　受注事業者に対して地元業者の下請利用を義務付けることによって、地元業者の競争力を弱め、かえって地元業者の健全な育成を阻害するおそれがあることに留意する必要がある。

　以上のとおり、地元業者の下請利用を受注事業者に義務付けることについて、公正取引委員会はやや否定的な回答をした。

③　Y市事例を踏まえた本件に関する筆者のコメント

① 　調査等を通じて得た筆者の知見

ア　神奈川県Y市のケース

　神奈川県Y市は、かつて受注事業者と締結した契約書に特約事項として、「工事を下請事業者に発注する場合には一定割合を地元業者に発注する」旨を盛り込んだ。これは、以前、N県がこの措置を採って成功したとの話を聞いて、これを参考に採用したのである。

　しかし、Y市は程なくして、この措置には弊害があるとして特約事項を盛り込むことを止めた。

　筆者が、Y市の契約課長にその理由を質したところ、以下の弊害が発生したという。

　第一の弊害は、市から市内業者に下請発注することを義務付けられた受注事業者が、この義務を果たすため、一旦、市内業者に1次下請けに出した形にして、その後、普段取引のある下請事業者に「丸投げ」させていたことである。

　第2の弊害は、第一次下請となった市内業者が、仕事をしないで「口銭」（いわゆる「眠り口銭」）を得ており、この「口銭」分だけ契約金額が割高になって、市（延いては納税者）が損害を被っている可能性があったことである。

イ　N県で成功した理由

　N県で成功したのに、なにゆえY市では弊害が発生し失敗したのか。筆者が関係者に聞き取り調査をして得た結論は、建設工事の受注事業者に対する地元業者の下請利用の義務付けが成功するか、弊害が発生し失敗に終わるかは、「自治体の人口規模（建設業者数の多寡）に依拠する」ということである。

　すなわち、N県は人口200万人超と規模が大きく建設業者の数も多いから、受注事業者と普段取引のある下請事業者が県内に存在する可能性

が高いのに対し、Ｙ市は人口40万人強の中堅自治体で建設業者の数も少ないから、受注事業者と普段取引のある業者が市内に存在しない場合が多い。それゆえ、「県単位の人口規模であれば成功する可能性があるが、市単位の人口規模では弊害が発生し失敗に終わる可能性が高い」ということである。

② 事例を踏まえた筆者のコメント

このＹ市の事例を踏まえて、前述のＤ市の相談に対する公正取引委員会の本件に対する回答について筆者の見解を述べると、「問題あり」とする回答に異論はないが、ややおざなりの感が否めない。

公正取引委員会は、合併案件等を検討する場合、関係者に対する聞取調査等を行って得た知見（経験則）に基づいて「一定の取引分野」「競争の実質的制限」について判断をしている。これと同様に、自治体からの相談案件についてもその重要性を考慮して、関係者から聞取調査等をして得た知見に基づいて回答してほしい。

10 最低制限価格を引き上げれば 「建設業者の疲弊」は防げるか

1 入札改革の「後戻り」

入札改革後、競争が激化して落札価格が大幅に低下したのを受けて、地元の建設業者を疲弊させてしまうなどの理由から、最低制限価格を引き上げたり、指名競争入札を復活させたり、地域制限を厳格化させたりするケースが目立っている。建設業界の政治的な力が強くて抗しきれず、自治体が一旦始めた入札改革を「後戻り」させているというのが実情であろう。

地元業者の育成も自治体の重要な政策の一つであり、地元業者が「疲弊」しては困るというのは理解できる。しかし、それが最低制限価格の引上げによって達成できるのかを検討してみよう。

2 入札改革によって落札率が低下する理由

まず、入札改革によってなぜ落札価格が大幅に低下したかを考えてみよう。原因が何かを知ることは解決の糸口になると考えられるからである。

入札改革によって競争が活発化すれば、落札価格は基本的に需給を反映して決まるようになる。かつての建設業界をめぐる経済環境を一言で言えば、「需給ギャップが大きい状態」といえよう。公共事業費の大幅削減によって公共工事の発注量が減っているのに建設業者の数があまり減らなかったからである。需給ギャップが大きいと価格が低下するのは経済の原則である。需給ギャップが大きくなると、業者間で仕事の奪い合いになる。業者は従業員等を抱えているから、安値になっているからといって受注を控えていると、業者の「赤字」はかえって増大する。だから、「従業員を遊ばせておくよりはマシ」と考えて安値受注に走る業者が出てくるのである。

③ 需給ギャップの拡大により落札率が低下している場合の対策

「需給ギャップ」の拡大が原因で落札価格が下がっている場合は、そのギャップを少なくすれば不況状態を克服できる。わが国では不況になると、建設業者の「疲弊」を防ぐために赤字国債を発行して公共事業の発注を増やす政策が採られてきた。しかし、現下の財政状況はそのような政策を採ることを許さなくなっている。需要量を増やすことができないのなら、供給量を減らすしか方法はない。つまり、公正かつ自由な競争を通じて建設業界の構造改善を促す以外に根本的な解決方法はない。

指名競争入札時代は入札談合が当たり前のように行われていた。そうした環境の下で、建設業者は多くの利益を得てきたと思われる。しかし、入札談合が行われている場合は、儲けたお金を建設業に投資してもそれによる見返りは期待できない。したがって、業者は儲けたお金を他部門に投資してきたはずである。現在、安値受注に耐えられるのは他部門からの「援助」に頼っているからともいえるが、このままの状態を続けていたら、いずれ「行き倒れ」の状態にならざるを得ない。人口減少の進む中、公共事業の発注量が増える見込みはないから、余力がある今のうちに投資してきた他部門に軸足を移したほうが良いと考えている業者が多いはずである。

④ 最低制限価格の引上げは建設業界の構造改善に逆行

そのようなときに、利益の出る水準まで最低制限価格を引上げたらどうなるか。せっかく他部門に軸足を移そうと思っている業者に、「運良く受注すれば利益は出るから、このまま少し頑張ってみるか」とその「決断」を鈍らせることになり、構造改善は一向に進まずいつまでも不況が続くことになる。つまり、最低制限価格の引上げが、結果的に建設業界を「長期的に疲弊」させることになるおそれがある。

今、国や自治体に求められているのは、限界企業をスムーズに市場から退出させてやることである。

コラム

「業務委託」は「予定価格の事前公表」と親和性がある

　「予定価格の事前公表」は、不祥事の未然防止に必須の条件であることは155頁で述べるが、以下では、予定価格の事前公表はとりわけ業務委託と親和性があること、予定価格の事前公表は事業者にとっても好都合であることを、事例を示して説明する。

　N県において、測量設計業務委託について、予定価格（1400万円）を事前に公表せずに入札を実施したところ、入札価格が600万円〜4000万円と大きな価格差ができたという。

　筆者が、なにゆえこのような結果になったのかを担当者に尋ねたところ、「発注仕様書には可能な限り具体的に委託内容を書き込むようにしているが、測量設計業務など業務委託の場合には、詳しく書ききれない部分が残る。そのため、A社は『その仕事を丁寧に仕上げるには4000万円ぐらい必要だ』と考え、B社は『簡単に仕上げれば600万円程度でできる』と考えて、各社が思い思いの価格で入札した結果、このような大幅な価格差が生じたのだろう」との回答であった。

　入札は、入札参加者が「総価」を提示すれば足りるから、この入札では、「簡単に仕上げれば600万円程度でできる」と考え、600万円で入札したB社が落札者（勝者）となる。筆者は、B社にこの仕事を任せた場合には「安かろう・悪かろう」を許すことになりはしないかと、心配になった。

　その後N県は、予定価格を事前公表するようになったが、仮に、以前から予定価格が事前公表されていれば、業者らは、「この測量設計業務委託について、発注機関は1400万円程度の仕事を想定している」と推測でき、大幅な価格差が生ずることはなかったのではないか。

　入札は、発注機関が、発注仕様書等で「このような仕事をしてほしい」と示した上で、業者に「この仕事はいくら掛かるか」を問い、業者が「この金額であればできる」と答え、最も効率的にその仕事を仕上げることができる業者にその仕事を任せる仕組みである。すなわち、発注機関と業者の双方が「仕事の内容」について共通認識を持つことが適正な入札を行う必須の条件である。

　この事例は、発注機関が示す「仕事の内容」には、発注仕様書だけでなく、事前公表された予定価格も含まれることを教えてくれている。発注仕様書で「仕事内容」の全てを書ききれない業務委託は、とりわけ「予定価格の事前公表」と親和性があると言える。

11 「競争性の確保」のために、どの程度の業者数が必要か

1 適切な業者数とは

　筆者は、永い間、自治体職員向けのセミナーで講師を務めているが、そこで受講者から「競争性を確保するためにはどの程度の業者数が必要ですか」という質問を受けることがある。業者数が少なければ競争性は確保されないのは事実であるが、業者数が一定数を超えれば確実に競争性が確保されるとも言えない。結局、「一概に答えることはできない」ということになる。しかし、これでは回答として不十分だと思われるので、調査により知り得た以下の事例のいくつかを紹介し、回答に代えたい。

2 恣意性を排除した入札制度に改革することによって競争性を確保した事例

・人口３万人弱の静岡県吉田町には、平成19年現在、34社の土木工事業者が存在した。それまでは談合が蔓延し平均落札率も90％台後半であったが、平成29年度以降、町内業者に限定した恣意性を排除した抽選型指名競争入札を導入したところ、平均落札率が80％台半ばに低下した（116頁参照）。

・人口10万人強の鹿児島県薩摩川内市には、平成19年現在、203社の建設業者が存在した。平成29年度から市内業者に限定した制限付き一般競争入札を導入したところ、平均落札率は80％台半ばに低下した（181頁参照）。

・平成19年現在、人口約17万人の東京都立川市には、123社の土木業者が存在した。平成17年度以降、１億円未満（その後、１億5000万円未満に変更）の工事については市内業者限定の条件付き一般競争入札を実施したところ、平均落札率は80％台半ばに低下した（「立川市の入札・契約制度改革」令和３年11月、７頁）。

・平成14年現在人口約17万人の三重県松阪市には、200社強の建設業者

が存在する。平成14年度以降、市内業者に限定した条件付き一般競争入札を実施したところ、平均落札率は80％半ばに低下した（詳細は拙著『談合を防止する自治体の入札改革』学陽書房、平成20年、271頁参照）。

・人口約26万人の兵庫県加古川市には、平成19年現在、314社の土木業者が存在した。平成15年7月から市内業者に限定した郵便応募型一般競争入札を実施したところ、平均落札率はそれまでの90％前後から70％前後に急落した（詳細は前掲書240頁参照）。

・人口約29万人の兵庫県明石市には、平成19年現在、土木工事の市内業者が215社存在した。平成15年から入札改革に着手し、市内業者に限定した制限付き一般競争入札（郵便入札）を導入したところ、平均落札率は95％以上から70％台に低下した（詳細は前掲書230頁参照）。

・人口40万人強の神奈川県横須賀市には平成10年現在約200社の建設業者が存在した。同市は、平成10年から、5000万円以下の建設工事について、市内業者に限定した条件付き一般競争入札を導入したところ、平均落札率はそれまでの96％前後から80％台に低下した（詳細は前掲書202頁参照）。

③　発注地域を広域化することによって競争性を確保した事例

・長野県は、平成15年2月から県内業者に限定した制限付き一般競争入札を導入する入札改革を実施した。それまでは県内15地区に設置する建設事務所ごとに発注しており、1地区当たりの土木業者数は平均140.6社であった。入札改革により8000万円超の工事については県内全域、それ以下の工事は県内4地区で発注する発注地域の広域化を図ったところ、平均落札率が70％台に急落した（105頁参照）。

・東京都西東京市は、平成13年1月、旧保谷市と旧田無市が合併して誕生した。旧保谷市と旧田無市時代には、それぞれの市で発注されており、平均落札率は98％と高かった。しかし、合併により西東京市一帯が発注地域になった結果、平均落札率が85％に急落した（詳細は前掲書26頁参照）。

・滋賀県大津市は、それまで市内を7地区に分けて発注していたが、平成14年度以降、これを2地区に集約し発注地域を広域化したところ、平均落札率は80％台半ばを推移している（拙著『入札談合の研究（第2版）』信山社、平成16年、10頁参照）。

・神奈川県座間市は、平成10年に公正取引委員会が同市の建設談合を摘発したのを契機として、近隣自治体の業者を指名業者に加えたところ、平成11年度以降、平均落札率が80％台前半に急落した（拙書『入札談合の研究（第二版）』信山社、平成16年、10頁参照）。

・三重県松阪市は、平成17年1月、旧松阪市が、旧一志郡（嬉野町・三雲町）と旧飯南郡（飯南町・飯高町）を吸収する形で合併したものである。合併前の旧一志郡・旧飯南郡は、嬉野町・三雲町・飯南町・飯高町のそれぞれ（4地区）で発注されており、4地区とも談合が存在した模様であるが、合併後は、4地区を2地区に集約する発注地域の広域化を図ったところ、平均落札率が85％に低下した（109頁参照）。

　以上のとおり、人口規模や業者数いかんに関わらず、①発注者の恣意性を排除した条件付一般競争入札を導入する、②発注地域を拡大する、③域外業者を入札に参加させるなどの方策を講ずれば、これらが「談合のかく乱要因」となり競争性が確保され、平均落札率が大幅に低下することがわかった。

　また、吉田町のケースでは、域内業者数は34社と少ないが、競争を挑んだ4社が存在したことが、競争性を確保するのに大きく貢献したと考えられる。この事例は、人口規模や業者数いかんに関わらず、競争を挑む業者が複数存在することが、競争性を確保するために重要な要素であることを教えてくれている。

12 「1者入札」が発生する原因と対策

1 「1者入札」について

　入札参加者が1社（者）しかいない「1社（者）入札」（以降「1者入札」という）は、競争性の確保の観点から問題があるとして、国や自治体でその対策が検討されてきた。指名競争入札の場合には、指名された業者が入札に参加しないと発注者に「受注意欲がない」と判断されて、その後に行われる入札において指名されないおそれがあるので、指名業者全員が入札に参加して「1者入札」が生ずることはほぼ皆無であり、その意味で「1者入札」は一般競争入札特有の問題である。

　例えば、平成15年2月から入札改革に着手した長野県では、平成15年9月から平成16年3月までの半年の間に執行された計3,326件の入札のうち、入札参加者が1者もいない「入札参加者ゼロ物件」が151件（4.5%）、入札参加者の提示した価格がすべて予定価格を上回った「不調物件」が307件（9.2%）発生した。これらを合計すると458件（13.7%）になり、入札した物件の7件に1件という高い割合になる。

　この「入札参加者ゼロ物件」や「不調物件」の特徴を調べてみると、山間地の小規模物件など、業者から見て「利益が期待できない魅力のない物件」が多かった。これらの物件は予定価格の設定が適切でなかったともいえるわけで、業者がこのような予定価格を付けた発注者に「拒否権」を突きつけたとも言える。指名制度の下では、業者が「拒否権」を発動するということは事実上許されておらず、入札改革により一般競争入札が導入されて以降、業者は受注を希望しない場合は入札に参加しなくてよくなった。つまり、一般競争入札が導入されて、初めて業者と発注機関とが「対等の関係」に立つことができたともいえ、それが「入札参加者ゼロ物件」の増加という形で現実化しているのである。

　その意味では、「入札参加者ゼロ物件」の増加は、入札が「正常化」した証ともいえよう。

また、予定価格を事前に公表している自治体の場合には、当該物件が採算に合わないと考える業者は入札に参加しないから「1者入札」よりも「入札参加者ゼロ」という結果になりやすい。しかし、国の機関の場合は、予定価格を事前に公表することは認められていないから、自治体よりも「1者入札」になるケースが多いといえる。

② 「1者入札」が生じる原因

「1者入札」が生じる原因としては、以下のようなことが考えられる。

① 入札に参加し得る業者を一定の狭い地域に限定したため
② 遠く離れた地域の規模の小さい物件など発注物件に魅力がないため
③ 極めて高度な品質を要求したため
④ 随意契約から一般競争入札に移行したが、その後も随意契約の相手方であった特定の業者しか入札に参加しないため
⑤ もともと競争業者が1者しか存在しないため

③ 「1者入札」をなくす方策

「1者入札」をなくす方策は、それぞれの原因によって異なる。

前記①の入札参加し得る業者を一定の狭い地域に限定している場合には、まず発注地域を広げてみることである。

前記②の発注物件に魅力がない場合には、別の物件も合わせて発注するとか、積算の仕方等が適切であったかどうかをチェックしてみることである。

例えば、立川市では、従来、4件に分けて発注していた市立保育園の警備業務委託を1件にまとめ、さらに36か月契約にして入札したところ、新規に参入した業者が予定価格の3分の1以下の価格で落札した（144頁参照）。1年分の予算で3年分の業務委託ができたわけである。小規模案件を別々に発注するのではなく1つにまとめると、発注金額規模が大きくなり業者にとって魅力が増すから、競争参加者が増えて競争性が高まることを実証したものである。

　前記③の極めて高度な品質を求めた場合には、競争性を確保できる程度に、求める品質を下げることが可能かどうかを検討してみることである。

　前記④の随意契約の相手方であった特定の業者しか入札に参加しない場合には、他の業者は「従来の経緯から、入札に参加しても受注の見込みがない」とあきらめている可能性があるから、これらの業者に対し直接電話等で入札に参加を働きかける「公掛け運動」（37頁参照）を試みてみることである。

　前記⑤のもともと競争業者が１者しか存在しないことが明らかである場合には、競争入札をあきらめ、随意契約への移行を検討してみることである。

コラム

「公掛け運動」のすすめ

　ある政府機関は、長い間、顕微鏡などの物品を特命随意契約により調達していたが、競争性のない随意契約は認めないとする政府の方針に基づき、一般競争入札で調達することにした。現場からは使い慣れている従来通りの顕微鏡を希望する声が上がっていたが、機種を特定して発注することはできないとして、仕様書には、従来調達していた特定の機種を「参考機種」として提示し、「これと同等品」を購入すると記載した。その結果、入札参加者は、「参考機種」の販売業者１社のみの「１者入札」であった。

　この政府機関の入札監視委員会において、「参考機種」として１機種のみを掲げることは、「これと同等のもの」との注釈を付けたとしても、競争業者は、従来の経緯から「発注者は『本音』では参考機種として掲げられている特定の機種を求めている」と推測し、入札を断念する傾向があるので、①「参考機種」として３機種以上を挙げる、②調達方法が変更されたことをPRする意味で、入札に参加してほしい業者（複数）に電話で入札参加を呼びかけるという２点の提案がされた。

　提案を受けて、この政府機関は「声掛け運動」を始めた。すると、声を掛けられた業者は、「自社製品を購入してもらえる可能性が出てきた」と好意的に受け止めたようで、声を掛けられた業者のほとんどが入札に参加するようになり、「１者入札」は解消し競争性が大いに高まった。

「声掛け運動」の成果として、以下のような象徴的な出来事があった。

　この政府機関の事務所が使用する電力については、従来、Ａ電力会社との特命随意契約に基づき「定価」（つまり落札率100％）で購入していた。前述の政府方針に基づいて一般競争入札に移行したが、それでも「１者入札」で落札率100％の状態が続いていた。

　契約担当者は、この状態を打開する必要があると考え、新規参入した商社系のＢ電力会社らに「声掛け」をしてみた。すると、Ｂ電力会社がこれに呼応して入札参加に向けた行動をするようになった。Ａ電力会社は、競争業者の出現を察知したらしく、対抗するために予定価格の94％台半ばで入札・落札した。結局、Ｂ電力会社は入札に参加しなかったが、「声掛け運動」によって競争性が高まり、税金が節約された良い例である。

13 予定価格の役割と限界

1 予定価格は「適正価格」か

発注者や受注者の間で、久しく「予定価格は適正価格である」と信じられてきた。この認識は、次の規定に起因する。

> **Point**
>
> **予算決算及び会計令（以降「予決令」という）**
>
> 第80条　予定価格は、競争入札に付する事項の価格の総額について定めなければならない。ただし、一定期間継続して製造、修理、加工、売買、供給、使用等の契約の場合においては、単価についてその予定価格を定めることができる。
> 　2　予定価格は、契約の目的となる物件又は役務について、取引の実例価格、需給の状況、履行の難易、数量の多寡、履行期間の長短等を考慮して適正に定めなければならない。
>
> （注：傍点は筆者による）

すなわち「『適正に定めなければならない』との規定の下に定められた予定価格は適正である」という役人流のレトリックに基づくものである。

東京都水道メーター談合事件（東京高判平成9年12月24日判例時報1635号36頁）では「本件当時の落札価格は、適正な自由競争の余地を残した東京都の予定単価とほぼ一致しているのであるから、それを適正な自由競争の下で決定されるはずであった価格と差がないとみるのも正当ではない」と判示し、予定価格を適正価格とする考え方を否定している。

それではいったい予定価格はどのような役割を有し、どのように設定されているのか。

2 予定価格の役割と算定根拠

予定価格とは、発注者が「これ以上（またはこれ以下）の価格では契約しない」と定めた上限（下限）価格であり、予算価格に近い。

予定価格を積算する際、発注者が参考にするのは、国土交通省が所管

する2つの一般財団法人（経済調査会・建設物価調査会）が発行する「積算資料」や「物価版」である。これらの資料には、全国に配置された数百人規模の調査員が独自の情報網を通じて把握した、建設資材等の価格データが掲載されている。この価格データは、大きく分けて「市況商品」と「ルート商品」に関するものに分けられる。

　「市況商品」の価格は需給を反映して毎日のように変動するから、流通業者等から報告を受ければほぼ把握し得る。したがって、これらの資料の「市況商品」に関する価格データはおおむね実勢を反映した価格と言える。

　一方、「メーカー⇒卸売業者⇒小売業者⇒需要者（工務店等）」というルートを経由して流通する「ルート商品」は事情が異なる。すなわち、「ルート商品」はメーカーが「建値」あるいは「メーカー希望小売価格」を設けており、これらの価格は一定期間変動することはない。その代わりに、メーカーは、需給変動等に応じて流通業者に「リベート（割戻金）」を支給して価格を調整しているのが一般的である。このリベートの額・率を調べなければ「ルート商品」の「実勢価格」は把握し得ない。ところが、このリベートの額・率は、取引先ごとに異なっており、かつその内容は「企業秘密」になっているから、どこを調査してもリベートを加味した実勢価格を把握することはできない。仮に、調査員を10万人規模に増やしたとしても、これを把握することはできないと考えられる。

　つまり、「積算資料」や「物価版」に掲載されている「ルート商品」の価格データは、建値かそれに近い価格ということにならざるを得ない。

　発注機関が建値に近い価格を積み上げて予定価格としても、それが上限価格ということであれば、何ら差し支えはない。つまり、予定価格は、買い手が「この価格以上では契約しません」と決めている上限価格であって、ちょうど「メーカー希望小売価格」（これも上限価格として機能している）と同じような役割を果たしているのである。

14 予定価格設定のための「参考見積」の提出要請はなぜ問題か

1 予定価格とその設定方法

　予定価格は、発注機関が「これ以上（以下）の金額では契約しない」と定めた上限（下限）価格であり、「取引の実例価格、需給の状況、履行の難易、数量の多寡、履行期間の長短等を考慮して適正に定めなければならない」ことになっている（予決令80条２項）。

　発注機関は、前述のとおり、一般財団法人経済調査会又は一般財団法人建設物価調査会が発行する刊行物（積算資料、物価版）に掲載されている価格データを用いて積算し、これを基に予定価格を設定している。しかし、公表されている価格データがない場合には、入札参加が見込まれる業者から「参考見積」を徴し、この価格データを基に積算して予定価格を設定することが少なくない。

2 予定価格を設定するため「参考見積」を提出させることの問題点

　「買い手」が「入札」という契約手続を用いる最大の理由は、それが、最も有利な取引の条件および相手方を見つけ出す最善の方法だからである。ただし、「入札」という手続きは、「買い手」および「売り手」の双方が、取引の専門家として情報格差を有しないことが前提とされている。

　また、「買い手」と「売り手」は、一方が有利になれば一方が不利になるという緊張関係にある。したがって、「買い手」が「売り手」に、「この商品を買うためにどの程度の予算を用意しておけばよいか」と尋ねた場合、「売り手」は、できるだけ多くの予算を用意してもらうほうが有利になるから、「本音の価格」を教えることはまずない。

　つまり、「参考見積」を求められた「売り手」は、それが受注に結びつく場合には思い切って安い価格を提示するだろうが、予定価格を設定するためとわかれば高めの価格を提示する。したがって、業者から提出される「参考見積価格」は水増しされた割高の価格になり、これに基づ

いて設定される予定価格も割高になるおそれがある。

　なお、民間企業においても発注企業が受注企業から「参考見積」を徴することがある。この場合、「参考見積」は契約の相手方を選定するためのものであり、これに応えて受注企業は本音の価格を提示する。しかし、この場合でも、受注企業が「発注企業は予定価格を設定するために参考価格を求めている」と認識すれば、割高な価格を提示すると推測される。

　すなわち、官公庁であれ、民間企業であれ、予定価格は発注者が自らの責任で設定すべき性格のものであり、受注企業に聞いて決めるものではない。

　それでは、「買い手」が予定価格を設定するための価格情報を持ち合わせていない場合（つまり、「買い手」と「売り手」とに情報格差がある場合）にはどのようにしてその格差を埋めればよいのか。

　その方法は、第1に、他に当該商品等を調達している発注者がいる場合には、その発注者の調達価格を調査すること、第2に、当該商品等の価格情報等に詳しい専門家（コンサルタント等）にしかるべき対価を支払って必要な情報を得ることである。専門家から情報を提供してもらうには一時的な費用が発生し予算措置が必要になるが、それによって以後の調達価格が継続的に低下すれば、利益のほうが大きくなると考えられる。

3　改善すべき方向

① 　予定価格を設定するために、安易に入札参加が見込まれる業者から「参考見積」を徴することは、業者が本音の価格を提示するとは考えられず、結局、割高な価格を基に予定価格を設定することにならざるを得ないので適当ではなく、直ちにやめるべきである。
② 　契約担当者等は取引の専門家でなければならず、そのためには調達市場の構造、取引の実態、商品の内容等を常に調査する必要があり、市場価格等の情報が不足している場合（受注業者との間に情報格差が存在すると思われる場合）には、その格差を埋める努力をしなければ

ならない。

　契約担当者等の中には、勤務年数が短いこともあって、「取引のプロ」と言えないような者も少なからず存在する。これでは適正な入札手続が執行できないおそれがあるので、「その道の専門家」の指導を受けて「情報格差」をなくす努力をする必要がある。

③　情報格差を埋める方法としては、以下のようなことが考えられる。

　ア　他に当該商品等を調達している発注者がいる場合には、その発注者の調達価格を調査する（松阪市のごみ処理施設建設発注がこれに該当する。193頁以降参照）。

　イ　予算措置を講じて、その道の専門家であるコンサルタント等を活用する。

15 契約担当者等の発注能力不足を補う方法はあるか

① 「契約担当者等の発注能力不足」という現実

「入札」とは、発注者が注文内容（仕様書）を決め、これを公表して入札参加者を募り、いくらで納入できるか（入札価格）を提示させ、最も有利な条件（安値）を提示した入札参加者を契約の相手方にするという契約手続である。この場合、「品質」は発注者があらかじめ指定する。品質が同じならば価格の安いほうが発注者に有利であるから、最安値を提示した入札参加者が契約の相手方になる。

つまり、入札という手続きでは、品質を含めた注文内容は発注者があらかじめ決めることが「前提」（経済学でいう「与件」）とされている。したがって、契約担当者等は「注文内容」に関する「専門家」であることが理想である。筆者の知人に、ある自治体のごみ処理業務部門に30年以上勤務し、その間、ごみ焼却施設建設工事の発注を複数回経験した「その道の専門家」としてつとに有名な方がいる。しかし、このような例は極めて稀であり、実際のところ、契約担当者等が「その道の専門家」であるケースはまずないと思われる。

また、経常的かつ頻繁に発注する物件がある場合には、契約担当者等が在任期間中に「その道の専門家」に育つこともあり得る。しかし、発注者は、一般に、契約担当者等を長期間同一部署に配置することは受注業者との癒着を招くおそれがあると考え、2～3年サイクルで契約担当者等を配置転換する傾向があるため、発注の現場において「その道の専門家」が育つ環境はない。それゆえ、「契約担当者等の発注能力不足」が常態化しているのが現実である。

② 契約担当者等の発注能力不足がもたらす弊害

契約担当者等に発注能力が十分にない場合には、曖昧かつ不正確な仕様書しか作れないであろう。曖昧かつ不正確な仕様書を基に発注した場合の「弊害」について考えてみよう。

　入札参加者は、この曖昧かつ不正確な仕様書を見て入札価格を決めることになる。すると、例えば、Aという業者が「この程度の品質で良いだろう」と考え安い価格を付けて入札をし、Bという業者が「良心的に考えればこの程度の品質を確保しなければならない」と考え比較的高い価格を付けて入札をした結果、Aが最安値で落札することになる。仕様書が曖昧かつ不正確であると、入札参加者が同一条件での競争（イコール・フッティング）が確保できなくなり、良心的なBが「敗者」になり、良心的ではないAが「勝者」になるという理不尽なことが起こる。かくして「安かろう・悪かろう」という結果がもたらされることになる。

　以上のとおり、契約担当者等に発注能力がないために曖昧かつ不正確な仕様書しか作れないことが、「安かろう・悪かろう」を招く最大の原因であることを認識すべきである。

③　改善すべき方向

　自由な競争を確保するために必須の条件は、「発注者と入札参加者」および「入札参加者間」の「情報格差」をなくすことである。仕様書が曖昧かつ不正確であると「情報格差」を生じさせイコール・フッティングが確保できなくなるから、「安かろう・悪かろう」が発生する。ということは、「安かろう・悪かろう」を防ぐ最適な方法は、正確かつ詳細な仕様書を作ることにほかならない。

　正確かつ詳細な仕様書を作るためには、契約担当者等は常に業界や商品の性能・価格に関する情報の収集に努めなければならない。しかし、前述のとおり、契約担当者等が「その道の専門家」であることは稀であり、それはやむを得ないことであるから、誰かの助けを借りて情報収集をし、情報格差を埋める必要がある。この「誰か」は、同一組織の別の部署の契約担当者等や近隣自治体の契約担当者等が第一に考えられるが、それが適わないときは、必要な予算を用意して「その道の専門家」に教えを請う必要がある。

16 「総合評価方式」のどこが問題か

1 「技術提案評価型・総合評価方式」の法的根拠

　総合評価方式は、平成17年に制定された「公共工事の品質確保の促進に関する法律」3条2項の「公共工事の品質は、〔中略〕経済性に配慮しつつ価格以外の多様な要素をも考慮し、価格及び品質が総合的に優れた内容の契約がなされることにより、確保されなければならない」との規定に基づいて導入された発注システムである。

　もとより会計法29条の6は、「契約担当官等は、競争に付する場合においては、政令の定めるところにより、契約の目的に応じ、予定価格の制限の範囲内で最高又は最低の価格をもって申込みをした者を契約の相手方とするものとする」と規定し「最低価格入札者を落札者とする」ことを原則としている。

　しかし、同時に同条「ただし書き」は、①相手方となるべき者の申込みに係る価格によっては、その者により当該契約の内容に適合した履行がされないおそれがあると認められるとき、又は②その者と契約を締結することが公正な取引の秩序を乱すこととなるおそれがあって著しく不適当であると認められるときは、政令の定めるところにより予定価格の制限の範囲内の価格をもって申込みをした他の者のうち最低の価格をもって申込みをした者を当該契約の相手方とすることができる旨を規定している。

　また、同条2項は「国の所有に属する財産と国以外の者の所有する財産との交換に関する契約その他その性質又は目的から前項の規定により難い契約については、同項の規定にかかわらず、政令（筆者注：予決令）の定めるところにより、価格及びその他の条件（傍点は筆者）が国にとって最も有利なもの（同項ただし書の場合にあっては、次に有利なもの）をもって申込みをした者を契約の相手方とすることができる」旨の規定を設けている。

　総合評価方式は、これらの規定に基づく、「価格」と「その他の条

件」とが国にとって最も有利なものを取引の相手方にする仕組みである。

②　「技術提案評価型・総合評価方式」の問題点

　総合評価方式の長所は、発注者が、契約の相手方として相応しいと考える条件を入札の際にあらかじめ提示することが可能であることだ。例えば、非価格要素のうち工事成績点数の比重を高めれば、業者は工事の成績を良くする努力をするから工事品質を高めるという政策目的を達成し得る（124頁の長野県の例参照）。

　このように総合評価方式は、条件の設定の仕方によっては、発注者が望ましいと考える方向に入札参加者を誘導できるという長所がある。

　総合評価方式は、「簡易型」と「技術提案評価型」とに大別されるが、とりわけ後者には以下のような短所がある。

　第1は、総合評価方式は、入札参加者に資料提出を求めることで入札参加のために多大な事務負担を強いるほか、発注事務も煩雑になり行政コストを著しく増大させることである。

　第2は、技術提案評価型・総合評価方式は、①価格要素と非価格要素とをどのような割合にするか、②非価格要素としてどのような要素を盛り込むか、③各非価格要素の配点をどうするか、④各入札参加者の非価格要素の配点をどうするかの4段階において「恣意性」が入り込む余地があることである。入札改革は「いかに恣意性を排除するか」が眼目であるので、新たに恣意性を取り入れることはこの流れに反することになりかねない。

　第3は、技術提案評価型・総合評価方式を導入することにより、発注者の「恣意性」が発揮されるようになり、再び、指名競争入札が行われていた当時のように「天下り」や「政官業の癒着」など社会的に問題と思われるような事態が生ずるおそれがある。

　第4は、第1の問題と関連するが、技術提案評価型・総合評価方式のうち、とりわけ技術的な提案をさせる場合には、事務能力に勝る大企業が有利になり事務能力に劣る中小企業は競争上不利になるおそれがある。

3 総合評価方式の調査基準価格を最低制限価格として機能させていたケース

　ある国の機関が、給水施設整備工事を施工体制確認型・総合評価方式で発注したところ、Ａ・Ｂ・Ｃ・Ｄの４社が応札した。このうちＣおよびＤの２社については、入札価格が調査基準価格を下回っていたとして、ヒアリングの対象となり、指定された期日までに「追加資料」を提出するよう求められた。しかし、当該２社は、期限までに「追加資料」を提出できなかったため、「入札無効」と判定された。一方、ＡおよびＢの２社については、入札価格が「調査基準価格」を上回っていたので、ヒアリングの対象とはならず、したがって「追加資料」の提出も求められず、「施工体制評価点」は30点（満点）の評価を受けた。

　資料の提出により施工体制の確保状況を把握しようとしたものと思われるが、下請業者および資材の購入先は、「通常、受注が決まった後に準備するものであり、これを入札時に決めている業者はまずいない」と言われている。仮に、落札したＡ社が求められても、これらの資料を提出することができなかった可能性が高い。調査基準価格を下回った業者に限って入札時にこのような資料の提出を求めることは、業者を差別的に取り扱うものであり、行政の公平性の観点から問題があるのではないか。

　また、この事例は、調査基準価格を下回る価格で入札した場合、施工体制評価点を大幅に減点することにより事実上落札できなくする仕組みの採用は、「調査基準価格」を実質的に「最低制限価格」として機能させていることを意味する。

　この仕組みの最大の問題点は、効率的な経営を行っており調査基準価格以下でも十分施工能力がある業者を契約の相手方から排除してしまう危険性があるということである。

17 「技術提案評価型・総合評価方式」に代わる「2段階選定方式」の提案

1 「2段階選定方式」の大まかな仕組み

「技術提案評価型・総合評価方式」には幾多の問題点が存在することは前述のとおりである。しかし、問題点を指摘するだけでは不十分であると考えられるので、問題点を解消する入札方式として「2段階選定方式」を提案したい。

「2段階選定方式」は、まず、第1段階として、設計コンペを行って詳細設計を担当する業者を選定し、第2段階として、この業者が作成した詳細設計書に基づいて一般競争入札により施工業者を選定する仕組みである。

2 設計コンペの実施方法

第1に、発注者は「どのような施設を作りたいか」を決める。つまり、基本的コンセプトを決めるのは発注者自身である。

第2に、この基本的コンセプトを示した上で、設計コンペの参加者を公募する。応募者には、基本的コンセプトを実現するためのアイディアを1000字程度にまとめた上、概念図（エスキス図）を添付してもらう。第一次選考では10点程度の作品を選定する。

第3に、第1次選考をパスした作品の作者に、公開の場で模型等を用いたプレゼンテーションをしてもらい、第2次選考を行う。

そして、最優秀作品1点と優秀作品数点を選定し、最優秀作品の作者に詳細設計を依頼する。なお、優秀作品の作者には賞金と賞状を授与するとともに、選考結果をホームページで公表する。

3 施工業者の選定方法

第1に、詳細設計書が完成した段階で、これを発注仕様書にして一般競争入札により落札候補者を選定する。

第2に、入札後、詳細設計を担当した業者を含めた審査員が、第1落

札候補者を対象に技術審査を行い、問題がなければこの業者を契約の相手方とする。

第3に、詳細設計を担当した業者に施工監理を委託する。

4　富弘美術館と横須賀市の設計コンペ

この「2段階選定方式」は、筆者が群馬県の富弘美術館建設および横須賀市の学校建設工事の発注方式からヒントを得たものである。

富弘美術館の設計コンペでは、ボランティアが、あらかじめ美術館を建設するための基本的コンセプトや建設地の地盤・気象条件等、設計をするために必要な情報を英訳し、インターネットを通じて全世界に配信したという。その結果、海外を含めて1211点もの応募があり、佳作の入選者の1人はオランダ在住の設計者であった。これにより、「設計には国境がない」こと、および、優秀な作品を求めるならば、設計コンペが最適であることが実証された。

また、横須賀市の学校建設の設計コンペでは、同市が「森にマッチした小学校を作りたい」などの基本的コンセプトを示した上で、市内に在住又は勤務する設計者に向けてアイディアを公募した。応募に際しては、基本的コンセプトを実現するアイディアを800字程度にまとめ、これにエスキス図の添付を求めた。選考は、市の職員と専門家を含めた審査員が行い、最優秀作品の作者には詳細設計書の作成を委託した。

また、優秀作品の作者には賞金25万円と賞状が授与され、この結果は市のホームページで公表された。入選者から、「結果が公表されたことで自分が入選したことのPRができて、賞金よりも大きなメリットがあった」との連絡を受けたという。

5　2段階選定方式のメリット

ここで、「2段階選定方式」と類似する「プロポーザル方式」「技術提案評価型・総合評価方式」とを比較してみよう。

第1に、「2段階選定方式」は、「プロポーザル方式」「技術提案型・総合評価方式」よりも発注者の恣意性が入り込む余地が少なく、これが

この方式の最大のメリットである。

　第 2 に、「2 段階選定方式」は、設計・施工分離型の発注方式であり、これが世界の標準である。筆者がこのことを知ったのは日米構造問題協議の際である。米国側の担当者から「関西国際空港建設工事の入札において、なにゆえ設計・施工一体型で発注したのか。仮に、世界標準となっている設計・施工分離型で発注したならば、空港建設の設計分野では世界有数の競争力を有する米国企業が受注した可能性が高かった」と注文を付けられた。

　第 3 に、「2 段階選定方式」では、最優秀作品だけでなく優秀作品数点を選ぶことができるが、設計・施工一体型の「プロポーザル方式」および「技術提案型・総合評価方式」では、勝者は 1 社に限定されることである。この結果、この入札で落札者とならなかった者の提案・アイディアは、それがどんなに優秀なものであったとしても、日の目を見ることはない。その意味で、「2 段階選定方式」は、設計業界の活性化に資することになる。

　「プロポーザル方式」「技術提案型・総合評価方式」は問題が多く、これらの問題を解消する手段として「2 段階選定方式」を検討する必要がある。

18 行政コストを大幅に削減し得る「事後資格審査方式」とは

1 事前資格審査の問題点

　一般競争入札の場合、全ての参加資格審査を入札前に行おうとすると、以下のような問題が生じる。

　第1に、一般競争入札の場合、入札参加者が多数にのぼる可能性があり、これらの資格審査をわずか10日間という短期間に終了させようとすると、契約担当者等に過重な負担を強いるほか、綿密な資格審査を行い得ないおそれがある。

　第2に、入札前に資格審査を行いその結果を入札参加者に通知すると、入札前に「誰が入札に参加するか」がわかってしまい、「誰が入札に参加するかがわからず談合がしにくい」という一般競争入札の利点が損われるおそれがある。

　第3に、入札参加者にとって「誰が入札に参加するか」は重要な情報であるから、契約担当者等を当該情報を知り得る立場に置くと、入札参加者から不当な働きかけを受けるなどの不祥事を発生させるおそれがある。

2 事後資格審査のメリット

　入札参加資格の審査を入札後に第1順位の落札候補者に限って行うことで、上記問題の発生を防止することが可能になる。手順は、以下のとおり。

① 入札公告に入札参加資格を明確に示し、開札時において、入札参加者はすべて当該資格を有しているものとして取り扱う。
② 開札時に、第1順位から第3順位までの落札候補者を選定しておき、まず、第1順位の落札候補者から資格審査を行う（この者が資格を有していればこの時点で資格審査は終了する）。
③ 第1順位者が参加資格を有していない場合には、第2順位以下の落札候補者の資格を審査する。

　このように入札参加資格の審査を入札後に第1順位の落札候補者に限って行えば、(i)入札事務が大幅に簡素化され、契約担当者等の負担が大幅に軽減される、(ii)審査対象者がほぼ1社に限定されるので、施工体制や能力の吟味を含め綿密かつ効率的に資格審査を行うことが可能となり、(iii)不良不適格業者の排除にも資する、(iv)誰が入札に参加するかが入札時にわからないため、これが「かく乱要因」となって談合を未然に防止し得るなどのメリットが得られる。

　実際に、資格審査を入札前から入札後に移行させた立川市等では、これによって発注事務が大幅に簡素化・迅速化され、しかも、これらが予算措置を伴わずに実現することができた（201頁参照）。

③　会計法規と「事後審査」との関係

　予決令およびこれに基づく細則は、事前審査を原則としているものの、必ずしも「事後審査」を禁じているわけではない。

　例えば、国土交通省が使用しているコアシステム（電子入札）においても、入札書の到着後、開札又は総合評価方式による評価後、落札候補者に対して施工実績や配置予定技術者等の審査を行って落札者を決定するという「事後審査」に対応できるようになっている。

　以上は国の例であるが、自治体の場合もこれとほぼ同様である。すなわち、地方自治法施行令167条の4〜167条の5の2に、予決令と同様の規定があり、これらの規定においても、必ずしも事後審査を禁じているわけではない。

④　改善すべき方向

　以上で述べてきたように、入札前に参加資格の審査をすべて終えようとすることには多くの問題があり、国・自治体とも、入札参加資格の審査を入札後に第1順位の落札候補者に限って行う「事後審査」に速やかに移行することが望ましい。

　また、技術審査についても、入札後に第1順位の落札候補者に限って行えば、事後資格審査と同様の効果が得られる。

19 工事品質をいかに確保するか

1 「工事品質の確保」は発注者の責務

　入札は、発注者が工事品質や調達商品の性能等を決め、入札参加者にこれに対する価格付けをさせ、最も低い価格を提示した業者を契約者とする仕組みである。つまり、工事の品質や商品等の性能は、あらかじめ発注者が「与件」として示し、入札参加者はこの「与件」として示された品質レベル等を考慮して入札価格を決めることとなる。したがって、発注者が高い工事品質を求めれば入札価格は高くなり、予算が限られていれば高い品質を求めることは難しくなる。

　工事品質が確保されるかどうかは、発注者が「与件」として示した品質や性能が維持されているかどうかを、どの程度厳格にチェックするかに懸かっている。要求した品質レベルが実際に守られているかどうかをチェックするのは発注者の当然の責務と言える。

2 品質確保策は建設工事と一般の商品とでどう違うか

　商品を買った後に「値段は安かったがすぐ使えなくなった」ということはよくあることである。われわれは、これを「安かろう・悪かろう」とか、「安物買いの銭失い」と称して消費行動の諫めとしている。これを公共工事に当てはめ、安値受注は「安かろう・悪かろう」になるとして諫める動きがある。この考えは、一般の商品の品質確保と建設工事等受注生産品のそれとを同一視するものであって、妥当ではない。

　品質をどう確保するかは、テレビや自動車の生産など「一般の商品」の場合と、建設工事や造船など「受注生産品」の場合とでは全く異なることを認識する必要がある。

　すなわち、「一般の商品」の場合は、品質と価格とが連動（相関）しており、一般に、品質が良いものは価格も高く、価格の安いものは品質がそれほど良くないという関係が成り立っている。したがって、買い手は、同じような価格であればできるだけ品質の良いものを選び、同じよ

うな品質であればできるだけ安い価格のものを選ぶ。つまり、合理的な購買行動をする。だから、事業者は、品質が良くかつ価格が安い商品を作って売れば競争に勝つことができる。つまり、「一般の商品」の場合は、市場メカニズムによって商品の品質が向上する仕組みになっている。

　ところが、「受注生産品」の場合は、発注時に注文主が品質を指定するのが一般的であり、品質はいわば「与件」になっている。しかも、「一般の商品」の場合は契約の段階で購入する商品の品質を自らの目などで直接確かめられるのに対し、「受注生産品」の場合は、注文したとおりの品質のものが実際に納品されるかどうかは契約の時点ではわからないというリスクを負っている。そこで、注文主は、注文したとおりのモノが納入されるかどうかを確かめるため、様々な努力をする。例えば、代表的な受注産業である「造船」の場合、船主は、注文どおりの船が造られているかどうかを確かめるため、船が完成するまでの間に何回も「現場」に足を運ぶという。注文品の場合、品質の確保は注文主の「責務」である。つまり、注文主は厳しい検査（チェック）をすることによって「安かろう・悪かろう」にならないようにする責務を負っているのである。

　造船業と並ぶ代表的な受注産業である建設工事業についても、注文主である発注機関が厳しい検査を行うことにより工事品質を確保する必要がある。つまり、工事品質の確保は注文主の「責務」であり、注文主がこの「責務」を果たさないとき、「安かろう・悪かろう」が生ずるのである。

③　工事品質確保策

　以上のとおり、建設工事は、契約時点では発注者の示した品質が確保されていないので、発注者が厳しい検査をすることによって品質を確保するほかない。このほか、「工事成績条件付入札」の導入により工事品質を格段に高めることに成功した横須賀市の例もある（詳しくは178頁参照）。

発注機関が「甘い検査」をするとどうなるか

　少し古い話になるが、公正取引委員会が昭和30年に出した「大阪ブラシ工業協同組合事件」の審決において、「注文主が検査が甘いと安値受注を引き起こす」ことが認定されている。

　この事件は、機械植えの「身辺用ブラシ」の全国シェア80%を占める大阪市所在のブラシ製造業者の協同組合が、昭和27年に保安庁（現在の防衛省）発注のブラシについて、協同組合の共同事業として組合一本で下請けをする旨を決議していたため、安値で落札した東京都所在の事業者からの注文を受けて保安庁向けブラシの下請生産をしようとしていた組合員に対し、単独での下請生産をやめるよう申し入れ、組合員と取引先との契約を破棄させた。この組合の行為は、共同ボイコットに該当し、独占禁止法19条の規定に違反する疑いがあるとされ、公正取引委員会の審判が行われた。

　審判では協同組合の下請拒否に正当性があるかどうかが争われた。審決は、「保安庁本庁および宇治補給敝において検収したブラシのうち〔中略〕服用ブラシおよびくつ用ブラシは工業検査所雑貨部長が中国産黒豚毛を使用している旨を証明したものであるが、すべて毛質、使用した毛の長さ、目付のいずれかにおいて規格外であり、殊にはなはだしいものは、毛質が中国産黒豚毛と定められているにもかかわらず、価格の低いアルゼンチン産豚毛を染めたもの、または、朝鮮産豚毛を使用し、２インチ４分の１ものを使用すべき服用ブラシに２インチものを、また、２インチものを使用すべきくつ用ブラシに１インチ４分の３ものを使用しているものであって、これらは最初から規格を無視して不当の利益を収めんとする悪質のものと断ぜざるを得ない。しかして、このような結果からみれば右の保安庁の検査、工業品検査所雑貨部長の証明手続に重大なる過失があることが業者をして乗ぜしめるゆえん」であり、協同組合の「予想が事実となって現れている」とし、「服用ブラシおよびくつ用ブラシについては保安庁が適正な製品検査を行う場合には落札価格で同庁の定める規格に合格するものを製造することはきわめて困難であり、落札者は、予め、規格を無視した品質のものを納入する意図をもっていたものと認める外ないから、このような事業者からの下請を拒否する態度に出た被審人大阪ブラシ組合の行為を不当なものということはできない」と判断した。

　このように審決では、「保安庁の検査、工業検査所雑貨部長の証明手続

に重大なる過失がある」こと、つまり、発注機関の担当者の納品検査が
杜撰であったことが、納入業者の安値入札を招いた原因であると認定し、
当該協同組合の対抗手段の不当性を否定した。

　注文主の「検査が甘い」と安値受注（安かろう悪かろう）を誘発する
ことは、公共工事についても言えることである。

20 安値入札と工事品質とは 相関関係にあるか

1 落札率と工事成績の関係

① 横須賀市のケース

　同市が、平成18年度中に発注した建設工事について、落札率と工事成績との相関関係を検証したところ、図表1－1のとおり、両者に相関関係は全く見られず、「安かろう・悪かろう」にはなっていないことがわかった。

図表1－1　横須賀市における落札率と工事成績との相関関係（平成18年度）

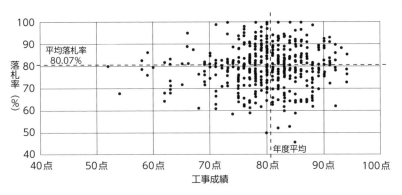

出所：横須賀市資料を基に筆者作成

② 立川市のケース

　同市は、巷で「安値入札の工事は品質も悪い」と言われているが、実際はどうなのかを確かめるため、平成31年度中に発注した建設工事の落札率と工事成績総評定点の相関関係を見ることとした。その結果は、図表1－2のとおりであり、両者に相関関係は認められず、むしろ逆相関の関係にある。

図表1－2　立川市における落札率と工事総評定点との相関関係（平成31年度）

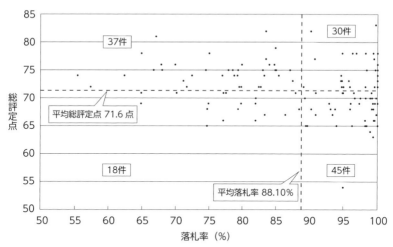

出所：立川市提供

③　薩摩川内市のケース

　同市では、平成19年4月から11月までに発注した建設工事118件について、落札率と工事成績総評定点の相関関係を調べたところ、図表1－3のとおり、両者の相関関係は認められなかった。

図表1－3　薩摩川内市における工事成績評定点との相関（平成19年4月～11月）

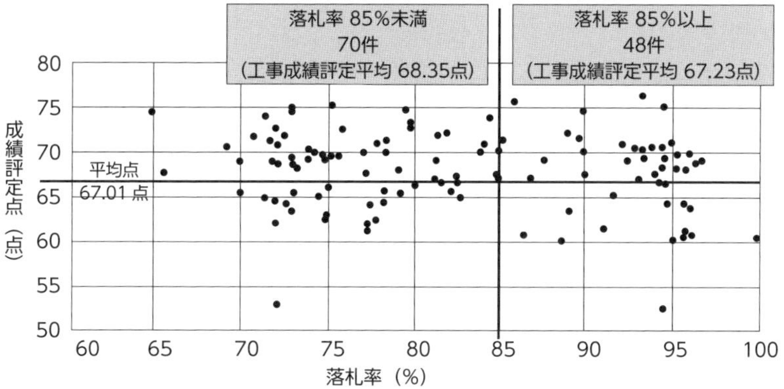

出所：薩摩川内市提供

むしろ、落札率85％未満の工事（70件）の平均評定点は68.35点で、落札率85％以上の工事（48件）の平均評定点67.23点と比較すると、前者の工事評定点が１点以上も高いことがわかった。

　安値入札物件のほうがむしろ工事成績が良い理由について、同市は、「安値入札物件についてはとりわけ厳しい工事検査を実施しているため」としている。

④　宮城県のケース

　図表１－４は、同県が平成19年度に工事検査をした物件について、低入札価格調査制度の調査対象となった「低入札」工事および同調査の対象とならなかった「非低入札」工事の件数が、工事成績点数区分別にどのように分布するかを示したものである。

図表１－４　宮城県における低価格入札・非低価格入札の工事成績点数区分別分布状況

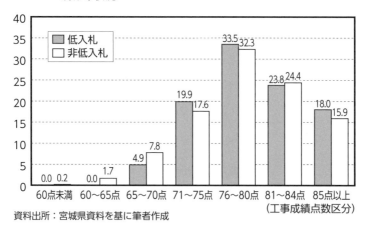

資料出所：宮城県資料を基に筆者作成

　これによれば、工事成績点数が70点以下の（工事成績があまり良くない）工事の割合について見ると、「低入札」工事が全件数の4.9％であるのに対し「非低入札」工事は9.7％であり、「非低入札」工事の割合が２倍近く多く、また、工事成績が76点以上の工事の割合は、「低入札」工事が全件数の75.3％を占めるのに対し「非低入札」工事は72.6％で、

「低入札」工事の割合が2.7ポイント高くなっていた。

つまり、低入札価格で落札された工事物件のほうが工事品質が相対的に高いという結果になっている。

これについて、同県は「低入札案件についてとりわけ工事検査を厳しくしているから」としている。

2　「安値入札物件」のほうがむしろ工事成績が良い理由

以上で紹介した4事例において、安値入札と工事成績とに相関関係が明確に認められなかったばかりか、立川市、薩摩川内市、宮城県では、「安値入札物件」のほうがむしろ工事成績が良いという結果が出ている。常識的に考えると、「安値入札物件」のほうが「手抜き」が横行して工事成績は悪くなる（つまり「安かろう・悪かろう」の結果になる）はずであるが、実態はその逆なのである。

その理由を、各自治体に確かめたところ、皆「それは、『安かろう・悪かろう』にならないよう、安値入札物件について、とりわけ綿密にチェックをしているから」という回答であった。

このことは、「安値入札物件」については、チェックをしないと「手抜き」が横行して工事成績が悪くなるおそれがあること、そうならないように発注者が綿密なチェックをする必要があること、「発注者の努力次第で、『安かろう・悪かろう』は防げる」ということを意味している。

21 談合はどのような行為か

　「談合とは話し合うことであって、そう悪い行為ではない」と言う人がいる。確かに、『広辞苑〔第七版〕』（新村出編、岩波書店、2018年）によれば、「談合」とは、「話し合うこと。談じ合うこと」とある。もともとの意味はこれで、中央自動車道の「談合坂SA」の「談合」もこれに属する。

　しかし、広辞苑には、「談合」には「談合行為のこと」という意味も記載されており、「談合行為」とは「競売や請負入札に際し、入札者が事前に相互間で入札価格などを協定すること」とある。また、熟語の「談合請負」とは、「多数の請負人があらかじめ談合して入札価格や利益配分を定めておいて請負入札すること」とある。

　また、『現代法律百科大辞典5』（伊藤正己・園部逸夫編集代表・ぎょうせい、2000年）には、「談合という文言は、もともと単なる話し合い、協議を意味していたが、今日、談合というと、公共入札等において入札参加者が入札前に落札予定者を決定し、その者が落札できるようにすること」とある。

　談合は、独占禁止法の不当な取引制限（いわゆるカルテル）の一種として禁止されている行為である。しかし、同法のどこを探しても「談合」という言葉は使われていない。「談合」が法律上規定されているのは、官製談合防止法2条4項において「入札談合等」が次のように定義されている。

　　「入札談合等」とは、国、地方公共団体又は特定法人〔中略〕が入札、競り売りその他競争により相手方を選定する方法〔中略〕により行う売買、貸借、請負その他の契約の締結に関し、当該入札に参加しようとする事業者が他の事業者と共同して落札すべき者若しくは落札すべき価格を決定し、又は事業者団体が当該入札に参加しようとする事業者に当該行為を行わせること等により、私的独占の

禁止及び公正取引の確保に関する法律（昭和22年法律第54号）第
3条又は第8条第1号の規定に違反する行為をいう。

　すなわち、「入札談合」とは、「公的機関の入札に際して、入札参加者
が、あらかじめ受注予定者又は受注価格を決め、入札における競争をな
くしてしまう行為」で、「八百長」と類似する極めて悪質な行為なのである。

> **コラム**
>
> **談合にはどのような弊害があるか**
>
> 　談合の弊害の第1は、言うまでもなく落札価格が高い水準で決まり、
> 公金（税金）がムダに使われることである。入札改革をした自治体の間
> では、競争性を高めた結果、落札率がそれまでの95％程度から80％前
> 後に急落し、かなりの入札差金（予定価格と落札額の差額。予算の節約
> 額に相当する）が生まれている。
>
> 　談合の弊害の第2は、談合によって効率の悪い業者が守られ、効率の
> 良い業者が伸びないことである。その結果、受注業界の競争力も低下し
> てしまう。「護送船団方式」で守られてきた日本の金融機関が国際的な競
> 争力をなくした例は有名であるが、建設業界も談合によって国際競争力
> を低下させていることは間違いないだろう。
>
> 　談合の弊害の第3は、談合が「政官業の癒着」と密接に関係しており、
> その結果、行政の公平性・公正性が確保されないことである。

22 談合はなぜ行われるのか

1 談合が行われてきた理由の検討

談合がなぜ行われるかをやや多面的に検討してみたい。

かつて談合が行われてきた理由は、大きく分けて次の3点に整理できる。

第1に、簡単に利益が得られるから。

第2に、発注者にとっても談合があったほうが好都合だから。

第3に、談合はなかなか発見し難いから。

Point

談合が行われる3つの理由

① 手っ取り早く利益が上げられる　　→　業者側の事情

② 談合をしたほうが発注者にも都合が良い　→　発注者側の事情

③ 「密室の犯罪」で発見が難しい　　→　規制官庁側の事情

---

2 簡単に利益が得られる

カルテルや談合は、事業者にとって、いわゆる企業努力をしなくても簡単に利益が得られる方法である。それゆえ、事業者は、機会があれば、競争当局（日本では公正取引委員会）に見つからないように、カルテルや談合をするのである。

3 発注者にとっても談合があったほうが「都合が良い」

「談合があったほうが発注者にとっても都合が良い」などと言うと意外に思われる方が多いだろうが、かつてはこれが事実であった。

発注者がそのように考えた理由は、第1に国の予算制度が「年度内に予算を使い切らないと損をする仕組み」になっていること、第2に発注を利権化できること、第3に安値受注を防止できること、第4に受注業

者が融通を付けてくれることによる。

Point

談合があったほうが発注者に都合が良い４つの理由

① 予算を残すと損をする　　　→　談合があったほうが予算を使い
　　　　　　　　　　　　　　　　切れる

② 発注を利権化し得る　　　　→　「天下り」ができる

③ 安値受注を防止し得る　　　→　工事品質の確保・地元業者の育
　　　　　　　　　　　　　　　　成に役立つ

④ 受注業者が融通を付けてくれる　→　発注者の「失敗」が表面化しない

4　談合はなかなか見つけにくい

　談合は「密室の犯罪」で、内部告発でもなければ公正取引委員会でも
見つけにくい。

　公共機関の契約担当者は「商売のプロ」ではないことが多いので、談
合が行われていてもそれに気が付かないことが多い。さらに、談合では、
事業者が競争したように見せかけるため応札価格を適当にバラつかせて
いるから、契約担当者がそれに気が付かないのもやむを得ないともいえ
る。

　また仮に、契約担当者が独自に談合の存在に気が付いたとしてもそれ
を公正取引委員会に通報することはまず期待できない。なぜ、契約機関
は談合情報を公正取引委員会に通報しないのか。それは、契約機関に
とって受注業者は育成すべき相手であり、その違法行為を通報すること
には、育成すべき相手を公正取引委員会に「売る」といういやらしさが
あるからである。

　以上のような次第で、談合を発見するのは難しく、内部告発を待つし
かない。そのためもあって、後述（66頁）の課徴金減免制度が創設さ
れた。

ゼネコン「談合離脱宣言」の背景事情

　平成17年12月末、突然、鹿島建設、清水建設、大成建設、大林組らスーパーゼネコン5社の社長が、長年にわたって実施してきた談合からの離脱を宣言し、これに引き続いて平成18年4月、大手・中堅ゼネコンの全国組織である（社）日本土木工業協会が「古いシキタリからの脱却」と称して談合決別宣言を行った。わが国のゼネコン業界は談合と切っても切れない関係にあると認識されていたが、実証されてはいなかった。ゼネコンの団体は、この「宣言」で自ら「古いシキタリからの脱却」と称して談合をしていた事実を認めたことになる。

　この「宣言」を契機として、平成18年以降、ゼネコン業界において「談合がほぼ存在しない」という画期的な状態が生まれており、このことは筆者自身が統計的に確認している（拙著『談合を防止する自治体の入札改革』学陽書房、平成20年、164頁参照）。

　ゼネコンが談合からの離脱をこの時期に宣言した背景事情は、第1に、談合に対する国民の批判の高まりである。わが国では、かつて、談合は必要悪であると認識する者が少なくなかった。しかし、最近では、競争を通じて取引の相手方と取引価格を同時に決める仕組みにおいて、入札参加者間であらかじめ落札者を決めてしまう「談合」という行為は、勝負をしないで勝負をしたかのように取り繕う「八百長」と同じようなものであり、これによって納税者（国民）が支払った税金がムダに使われるだけでなく、政官業の癒着を生み出す絶対悪であると国民の多くが認識するようになった。

　このような世論の変化を機敏に捉えたゼネコンの経営者達が、「これ以上談合を実施すると、ゼネコンの社会的地位が地に落ちるおそれがある」と判断し、談合からの離脱を決意したに違いない。

　第2は、平成17年の独占禁止法改正である。この法改正によって、平成18年1月からゼネコン等が自ら公正取引委員会に談合に関する情報を提供すると課徴金等が減免されるという課徴金減免制度が導入され、さらに脱税事件について国税当局に認められている「犯則調査権限」がカルテル事件を処理する公正取引委員会にも付与されることになった。このためゼネコンの経営者達は、『『カルテル・摘発リスク』が著しく高まったこの時期が談合から離脱する絶好のチャンスだ」と考えたのだろう。

　第3は、官製談合防止法の制定である。官製談合が広く存在した時代には、ゼネコンは勝手に談合からの離脱を宣言することは事実上不可能

であった。筆者は、ゼネコン業界の関係者から、あるゼネコンが、自主的に談合から離脱したところ、発注機関から指名を外されるなどの不利益な取り扱いを受け、やむなく談合に復帰することにしたと聞いたことがある。このことが事実であれば、官製談合の存在が、ゼネコンの自発的な談合離脱を阻んでいた要因の 1 つであったことになる。入札改革により一般競争入札が一般化するとともに、官製談合防止法施行により官製談合が違法化されたことで、ゼネコンが独自に談合からの離脱を決断する環境が整ったというわけである。

23 談合の有無と落札率には どのような関係があるのか

1 談合があると落札率が高くなる理由

　談合が存在する場合は、受注予定者以外の者が競争を挑まないため、受注予定者は自由に入札価格を決めることができる。つまり、談合は、受注予定者を選びその者に入札価格（これが落札価格になり、契約価格にもなる）を決める権限を与えるという価格カルテルである。

　受注予定者に選ばれた業者は、自由に価格を決めることができるから、通常は、最も利益が得られる価格を付ける。公的機関が行う入札では予定価格が定められており、これが契約の上限価格になることはどの業者も知っているから、受注予定者になったらまず行うのが「予定価格を探る」という作業である。予定価格を探りそれに近い価格で入札すればその業者にとって最も利益が得られる。だから、談合が行われている場合には、予定価格の100％に近い落札率になる。談合が存在すると90％台後半の落札率になるのはこのようなメカニズムに基づく。

　100％にならない理由は、第1に受注予定者が探っても正確な予定価格が掴めない場合があること、第2に予定価格が公表されている場合には入札参加者がそれを上回る価格をつけるわけにはいかないから、それを見込んで受注予定者が100％を若干下回った価格で入札せざるを得ないことなどによる。

　また、福島県や名古屋市で行われていた談合では、参加者が落札率を95％未満とする「94％ルール」を作っていた。

　これは、談合に参加する業者らが「95％以上の落札率だと、談合の疑いを掛けられる」と考え、落札率を意識的に「95％未満」にしたためと考えられる。談合は、「落札価格をいくらにするかを受注予定者に委ねるカルテル」という側面もあるから、受注予定者の一存で「94％台」にするのは容易いことなのである。したがって、「90％以上の落札率だと、談合の疑いを掛けられる」と考えた場合には、「89％ルール」が生まれる可能性すらある。

② 入札改革を行うと落札率が80％前後に急落する理由

　入札改革をした後、決まって多くの自治体で落札率が80％前後に急落する。このメカニズムは、次のように考えられる。

　建設業界は重層的な下請構造を有していることで有名である。一説によると、500万円を超える工事はすべて下請けされるという。入札改革によって一定の能力があれば誰でも入札に参加できるようになると、従来下請業者であった者も元請業者として入札に参加するようになる。そうすると、従来元請業者であった者は、「従来下請業者であった者は、多分、自分が下請業者に発注していた価格（つまり、予定価格の95〜97％の落札価格から自分の取り分の15〜20％を差し引いた80％前後の価格）で応札するだろう」と予測し、自分もそれに近い価格で応札しないと受注できないと考える。とりわけ、本気で受注しようと思う場合は、従来下請業者であった者が入札するであろう価格よりも低い価格で入札するようになる。

　つまり、入札改革をすると流通段階が1段階短縮されたような効果を生み、落札率が80％前後に急落するのである。

　ところが、入札改革で落札率が急落すると、国や自治体の間で「これはダンピングである」と判断し、落札率の引き上げに奔走する動きが見られる。しかし、公正取引委員会が昭和59年に公表した「不当廉売に関する独占禁止法上の考え方」では「需給関係から価格が低落しているときに、これに対応した価格を設定する場合」は「正当な理由」があり、不当廉売（ダンピング）には該当しないとしている。

　国や自治体の公共建設工事の発注量は毎年のように減少しているのに、建設業者の数はあまり減っていない。需要量に対して供給能力がかなり過剰になっているのである。すなわち、公共建設工事の落札価格の低下は、基本的には供給過剰によるものであり、このような現象を「ダンピング」と称して規制するのは適切ではない。

24 談合を発見する方法

1 入札結果を分析する方法

　談合は「密室の犯罪」といわれ、発見することは至難の業であるが、談合企業の行動の分析によって談合の存在を推認することが可能である。

　以下では、入札結果から談合を発見する方法を紹介する。

　筆者がこの方法に気付いたのは、長野県の入札改革に携わっていたときである。

　ある日、同県で測量設計業を営んでいるＡ社のＫ社長がやってきて筆者に、「わが社が談合から離脱することを宣言したとたん、わが社が指名された物件については談合側が『刺客』を送り込んできて叩き合いになるが、わが社が指名されない物件については相変わらず談合をしていて、落札率も高い」と言うのである。Ｋ社長の話を聞いて、筆者がＫ社長に作成してもらったのが図表１－５である。

図表１－５　Ａ社（談合離脱企業）の入札参加・不参加による落札率の相違

	時期	予定価格（万円）	落札価格（万円）	落札率	落札者	2位入札者との金額（対予定価格比率）		
Ａ社指名	6/12	4,670	2,370	50.7%	A	K K	3,000	(64.2%)
	6/20	3,940	2,450	62.2%	A N	A	3,160	(80.2%)
	6/21	6,940	4,100	59.1%	K D	A	4,750	(68.4%)
	6/26	7,350	3,680	50.1%	A	D	6,340	(86.3%)
	6/27	7,390	3,770	51.0%	A	J	4,400	(59.5%)
	7/1	3,690	1,370	37.1%	A	A N	1,400	(37.9%)
	7/10	1,750	1,150	65.7%	K Y	A	1,240	(70.9%)
	7/10	1,510	1,200	79.5%	Z E	A	1,220	(80.8%)
	7/25	3,900	1,500	38.5%	K K	A	1,830	(46.9%)
	7/26	2,230	1,070	48.0%	A	S K	1,100	(49.3%)
	7/30	7,320	2,500	34.2%	K C	A	3,650	(49.9%)
	7/31	7,400	4,460	60.3%	S K	A	4,900	(66.2%)
	7/31	2,290	1,150	50.2%	S N	A	1,150	(50.2%)
	8/8	2,280	1,100	48.3%	A	D S	1,680	(73.7%)
	8/9	9,130	3,370	36.9%	A	S S	3,770	(41.3%)
	8/20	4,370	1.860	42.6%	K K	A	2,900	(66.4%)
	8/20	1,870	840	44.9%	K K	A	1,100	(58.8%)

	8/22	2,160	860	39.8%	K K	A	1,100（50.9%）
	8/22	2,020	1,050	52.0%	A	K D	1,360（67.3%）
	8/22	1,850	800	43.2%	F T	A	1,050（56.8%）
A社非指名	6/6	1,300	1,250	96.2%	C C		
	6/6	3,600	3,400	94.4%	S C		
	6/6	3,400	3,200	94.1%	K O		
	6/6	2,220	2,050	92.3%	H Y		
	6/6	570	500	87.7%	N S	入札2回1位不動	
	6/13	720	700	97.2%	C C	入札2回1位不動	
	6/13	1,880	1,800	95.7%	K S		
	6/13	2,300	2,300	100%	E I	入札2回1位不動	
	6/13	570	550	96.5%	C C	入札2回1位不動	
	6/20	2,470	2,470	100%	K B	入札2回1位不動	
	6/20	2,310	2,300	99.6%	Y O	入札2回1位不動	
	6/20	2,320	2,200	94.8%	I K	入札2回1位不動	
	6/20	3,580	3,550	99.2%	I N	入札2回1位不動	
	6/27	2,540	2,500	98.4%	M E		
	6/27	2,010	1,800	89.6%	C Y		
	6/27	1,410	1,400	99.3%	N A		
	6/27	1,100	1,050	95.5%	D S	入札2回1位不動	
	6/27	2,340	2,200	94.0%	S O		

出所：鈴木満「入札適正化法・官製談合防止法などの法整備と談合防止」自治体法務研究、07年夏号、9頁を基に筆者作成
注1：長野県発注建設コンサルタント業務委託について
　　　A社が入札に参加した20件の平均落札率→49.72%
　　　A社が入札に非参加の18件の平均落札率→95.86%
注2：「1位不動」とは、複数回の入札において、最低価格提示者（1位）が変動しないことをいう。「1位不動」は談合特有の行動とされている。

　中間の太線の上側がA社が指名された物件の落札状況であり、太線の下側がA社が指名されなかった物件の落札状況である。

　例えば、A社が指名された6月12日入札の物件（予定価格4670万円）を見ると、A社が落札率50.7%で落札したが、次の6月20日入札の物件（予定価格3940万円）を見ると、談合側の「刺客」と見られるAN社が落札率62.2%で落札し、A社は第2位で落札できなかった。このような激しい競争が行われた結果、A社がこの期間に指名されたのべ20件の平均落札率は「49.72%」という極めて低いものであった。

　一方、A社が指名されなかった6月6日入札の物件（予定価格1300万円）を見ると、CC社が落札率96.2%で落札し、同じ日に入札された

ほかの物件も「94.4％」「94.1％」「92.3％」「87.7％」といずれも高い落札率で、Ａ社が指名されなかったのべ18件の平均落札率は「95.86％」という極めて高いものであった。

　このような対比表を作成すれば、「Ａ社非指名」の物件において談合が行われていることは誰が見ても明らかになる。

② 工事費内訳書を分析する方法

　談合の存在を推認する第２の方法は工事費内訳書を分析する方法である。工事費内訳書とは、不良不適格業者の排除等を目的として、発注者が入札に際して入札参加者に提出させるものであり、各入札参加者が独自に見積もった上で提出するのが原則である。

　しかし、談合が行われた場合は、受注予定者以外の業者は、詳細な積算は行わず、受注予定者が作成した工事費内訳書を事前に入手してこれを若干修正して提出するのが通例である。談合が行われた場合は、工種ごとの積算金額が入札参加者間でかなり似通ったものになることが経験則として知られており、工事費内訳書を子細に分析すれば談合の存在が明らかになるのである。

　例えば、長野県公共工事入札等適正化委員会は、平成15年１月31日に公表した「浅川ダム入札に係る談合に関する調査報告書」（以降「浅川ダム報告書」という）において工事費内訳書等を分析し、浅川ダム入札において談合が行われていたことを立証した。すなわち、長野県では、浅川ダム入札において、21の工種ごとに「積算の基礎」を明示したが、明示しない部分も少なくなかったので、各ＪＶ（ジョイント・ベンチャー）は、明示されない部分についてどのような機種にするか、必要な人数・数量をどう想定するかなどを自ら判断する必要があったため、工種項目ごとの積算内容はＪＶごとにかなりの差が生じる余地があったにもかかわらず、浅川ダム入札に参加した10のＪＶの項目ごとの積算金額は、図表１−６のとおり、おおむね同様の乖離傾向を示していた。

図表１－６　長野県積算に対する各入札参加者の工事費の比率（談合が行われたと見られる浅川ダム入札の場合）

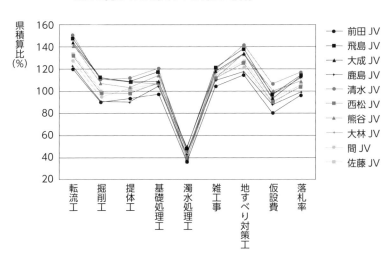

出所：長野県公共工事入札等適正化委員会「浅川ダム入札に係る談合に関する調査報告書」
　　　（平成15年１月）
注：工種中費目ごとに県当局の積算金額を100とした場合の各入札参加者（JV）の工事費の
　　比率を一覧にしたものである。

　同委員会は、この点に着目して、「浅川入札においても談合が行われ、その結果、前田建設JV以外のJVは、自らは詳細な積算はしないで本命業者である前田建設JVの積算を基に内訳書を作成して当県に提出したことを表している」と結論付けた。

　一方、図表１－７は、自由競争が行われた場合の工事費内訳書の分析結果である。

　これは、長野県発注の某トンネル工事１工区の「工事費内訳書比較表（基本・県積算）」であり、同委員会が、浅川ダム報告書の公表に際して、前図と対比する意味で、参考資料として配付したものである。

　自由競争が行われた場合は、入札参加者は、「積算の基礎」について発注者から明示されない部分について各々で判断して工事費内訳書を作成するから、図表１－７のように、各入札参加者の数値はばらばらになる。

図表１－７　長野県積算に対する各入札参加者の工事費の比率（自由競争が
　　　　　行われたと見られるＸトンネル入札の場合）

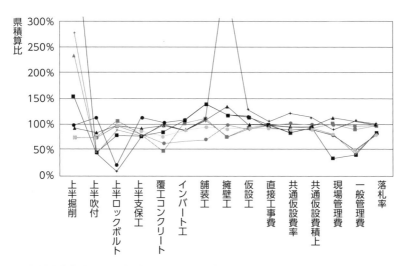

出所：鈴木満「入札適正化法・官製談合防止法などの法整備と談合防止」自治体法務研究、07年
　　　夏号、10頁
注：工種中費目ごとに県当局の積算金額を100とした場合の各入札参加者（JV）の工事費の
　　比率を一覧にしたものである。

　発注者は、談合情報のあった入札物件について、提出させている工事
費内訳書の費目ごとに、自らの積算金額を100として各入札参加者の積
算金額の数値を算定し、これを図にしてみることである。そして、その
図と自由競争が行われた場合の図と対比してみてほしい。浅川ダムの図
（図表１－６）のように各入札参加者の数値が同様の乖離傾向を示して
いれば、談合の存在が推認できる。

　談合情報があった場合、発注者がこれに落札率や工事費内訳書の分析
データを添えて公正取引委員会に通報すれば談合摘発に大いに役立つと
考えられる。

３ 入札説明書に対する質問を分析する方法

　松阪市のごみ処理施設建設工事の入札において、入札説明書等が公表

されたとたん、数社から延べ452件にのぼる多数かつ多様な質問が寄せられた（194頁参照）。仮に、本件入札において談合が存在する場合には、このような多数かつ多様な質問は出なかったと思われる。

　談合が存在する場合には、真剣に見積もるのは受注予定者に選ばれた業者に限られる。なぜなら、受注予定者以外の業者は、費用に見合う収益が見込めないから、一切見積もることをしない。したがって、発注者から入札時に「工事費内訳書」の提出を求められていた場合には、受注予定者から必要なデータの提供を受け、これを若干手直しして提出する（この「慣行」に着目して見出したのが前述の工事費内訳書を分析する方法である）。

　一方、受注予定者も、予定価格に近い価格で入札すればよいから、真剣かつ綿密に見積もる必要は全くない。

　それゆえ、談合が存在する場合には、入札参加資格や仕様書に対する質問はあまり多くはなく、また、質問の内容にも多様性がないのである。

　したがって、入札参加資格や仕様書に対する質問に対する数の少なさ、内容の非多様性から談合の存在が推認できるのである。

コラム

リーニエンシー制度（課徴金減免制度）導入のねらいと効果

　事業者が自らカルテル・談合を競争当局に通報した場合、当該事業者に対する刑事上又は行政上の制裁を免除・軽減する仕組みを「リーニエンシー制度（Leniency Program）」という。日本の課徴金減免制度はこの一種である。

　カルテル・談合は「密室の犯罪」といわれるように違反行為者の結束が固く、「沈黙の掟」があるとされてきた。この「沈黙の掟」を、「情報提供者に優遇措置を講ずること」および「『カルテル・摘発リスク』を高めること」によって打破しようとするのがリーニエンシー制度のねらいである。

　それゆえ、リーニエンシー制度の対象となる違反行為は、事業者の共同行為であるカルテル・談合に限られており、私的独占、不公正な取引方法等は対象外である。

想定されるリーニエンシー制度の効果を整理すると、以下のとおりである。

　第1に、当該制度が創設されたことで、他社に先駆けて情報提供をしたほうが独占禁止法のコンプライアンスを遵守している姿勢を世間一般にアピールできて「得策」と考える事業者が増え、カルテル・談合の発見率が高まることである。

　第2に、リーニエンシー制度の優遇措置を受けるためには情報提供後も審査に協力することが求められるから、競争当局が事件審査の容易化・迅速化を図り得ることである。

　第3に、カルテル・談合を実行中の事業者に「他の事業者のいずれかがリーニエンシー制度を活用することによって、違反行為が露見するかもしれない」との疑心暗鬼を抱かせることによって、違反行為の抑止が期待できることである。

　第4に、リーニエンシー制度を活用するためには日頃から独占禁止法のコンプライアンスに努めている必要があるから、独占禁止法のコンプライアンスを普及させる効果が期待できることである。

25 官製談合防止法はどのような経緯で制定されたのか

1 北海道農業土木工事談合事件のてんまつ

　官製談合が初めて公になったのは、北海道上川支庁発注の農業土木工事談合事件である。公正取引委員会は、本件談合を次のように認定している（平成12年（勧）第7号）。

　事実1　上川支庁の業務担当者等は、かねてから、地元企業の安定的及び継続的な受注の確保等を目的として、毎年、北海道農政部の農業農村整備事業に係る業務担当者等から示される基本的な考え方に基づき、農業土木工事の業者ごとの年間受注目標額を算出し、これを同業務担当者等に報告し、同業務担当者等による調整に基づき、設定していた。また、上川支庁の業務担当者等は、北海道農政部の農業農村整備事業に係る業務担当者等と定期的に開催する会合に出席し、同業務担当者等の求めに応じて右年間受注目標額の業者ごとの達成状況について報告を行っていた。

　事実2　上川支庁の業務担当者等は、事実1の年間受注目標額をおおむね達成できるようにするために、指名競争入札等の執行前に、発注を予定している農業土木工事の物件ごとに、受注業者に関する意向を旭川農業土木協会の事務局長の職にある者に示していた。また、旭川農業土木協会の事務局長の職にある者は、上記意向に基づき、受注を予定する者として選ばれた旨を当該業者に伝えていた。

　事実3　業者らは、上川支庁が発注する農業土木工事について、受注価格の低落防止並びに安定的および継続的な受注の確保を図るため、次のように取り決めていた。

　　ア　上川支庁から指名競争入札等の参加の指名を受けた場合は、旭川農業土木協会の事務局長の職にある者から、受注を予定する者として選ばれた旨の連絡を受けた者を受注すべき者とする。

　　イ　受注すべき価格は受注予定者が決め、受注予定者以外の者は、

77

> 受注予定者が受注できるように協力する。

　本件は、発注者が受注業者に談合を仕向けるという典型的な官製談合である。それが審決の「事実1」と「事実2」において認定されている。

　「事実1」では、上川支庁の業務担当者等が北海道農政部の業務担当者等の指示に従い、「農業土木工事の業者毎の年間受注目標額を算出し、〔中略〕設定していた」と認定されている。このことから、①本件談合の実質的な「仕切屋」は北海道農政部の業務担当者等であること、②本件談合は全道的に行われていたが、公正取引委員会は上川支庁で行われた談合のみを規制対象にし、他支庁で行われていたであろう農業土木工事をめぐる談合については調査対象から除外したことが推測できる。

　②に関して言えば、公正取引委員会は全道的に同種の談合を認定することも不可能ではなかったと思われる。しかし、公正取引委員会が事情聴取した相手は、上川支庁の農業土木工事関係者に限っても約300社以上にのぼっていた。当時、公正取引委員会事務総局北海道事務所の職員数は15名で、うち本件処理に携わることができた審査課の職員数はわずか6名であったから、「本局」といわれる公正取引委員会事務総局審査局（東京都所在）の職員の応援なくしては事件処理が不可能な状態であった。全道的に同種の事件を立件・処理するとなれば、本局から多くの職員を派遣しなければならずその経費は莫大になることもあり、事件として立件・処理するのは上川支庁分だけに限定したものと推測される。その結果、上川支庁の農業土木工事業者250社に対しのべ13億8,710万円の課徴金の納付が命じられたが、他の支庁の農業土木工事業者は処分を受けずに済んだ。

②　処分を受けた業者の不満

　上川支庁の業者が、「他地区においても同様の行為が行われているのに、なぜわれわれだけが処分の対象になるのか」「法の下の平等原則に反しているのではないか」と強い不満を持ったことは想像に難くない。

　また、「事実2」によれば、上川支庁の業務担当者等は、北海道農政

部の「代官役」を演じたことがわかる。この「代官役」が受注予定者に関する意向（つまり「天の声」）を伝えていた相手は、「旭川農業土木協会事務局長」である。同事務局長は、業者側の人間であるが、実は北海道農政部の元幹部で、道庁を退職後再就職（つまり「天下り」）した者である。

　平成12年5月16日付の北海道新聞は、同事件の処理に携わった公正取引委員会の担当官が記者会見で、（道農政部が各建設業者の）「目標額を決める際には、業者の過去の受注実績に加え、道の退職者を受け入れている企業に手厚くするという対応もあった」と述べたと伝えており、発注機関が「天下り」を受け入れている業者を「えこひいき」していた実態も浮かび上がっている。このように、「官製談合」は「天の声」や「天下り」と密接に関係していることがわかる。

　この「旭川農業土木協会」は、一民間団体ではあるが、上川支庁の業務担当者等によって「準行政機関」のような役割を与えられていたようである。これは、上川支庁の業務担当者等が、「役所の先輩」である「旭川農業土木協会事務局長」が業界内で重用されるよう配慮した結果とみられる。自分たちの先輩が業界内で重用されれば、「旭川農業土木協会事務局長」の存在価値が高まり、永続的にそのポストを確保し得る。また、いずれ自分たちがそのポストに就く可能性もなくはないから、彼らが先輩を優遇するのはむしろ当然のことであった。

　本件では、入札談合に参加した業者に対して行政処分（排除措置命令・課徴金納付命令）が行われたが、入札談合を実質的に主宰していた発注官庁（北海道農政部・上川支庁）およびその職員に対しては何らの法的措置も執られなかった。独占禁止法は、「発注官庁は談合の被害者には成り得ても加害者になるはずがない」との考えで立法されており、買い手（発注機関）に対する処分規定は用意されていない。

　これに対して、「発注機関自らが談合を仕向けたのに、これが何らの処分も受けず、これの指示に従って入札談合を行った業者のみが処分を受けるのは不公平である」との批判が噴出した。これを受けて議員立法により制定されたのが、官製談合防止法である。

26 官製談合防止法はどのような法律か

1 官製談合防止法の沿革

　官製談合防止法は、前項の経緯で制定され、平成15年1月から施行された。その後、入札談合等関与行為により公正を害すべき行為を行った職員に対する罰則規定を盛り込んだ改正法が平成19年3月から施行されている。

2 官製談合防止法の概要

　同法は、公正取引委員会が談合事件を摘発し、その審査中に発注機関の職員による「入札談合等関与行為」を探知した場合、当該行為の排除のため発注機関に改善措置を要求でき、要求を受けた発注機関は、入札談合等関与行為をした職員に対し、損害賠償を請求するとともに、懲戒処分を行うことができるものである。法の概要は図表1-8のとおりである。

① 入札談合等関与行為とは

　入札談合等関与行為は、同法2条5項において、次の4行為が定義されている。

ア　事業者又は事業者団体に入札談合等を行わせること（1号）。

イ　契約の相手方となるべき者をあらかじめ指名すること、その他特定の者を契約の相手方となるべき者として希望する旨の意向をあらかじめ教示し、又は示唆すること（2号）。

ウ　入札又は契約に関する情報のうち特定の事業者又は事業者団体が知ることによりこれらの者が入札談合等を行うことが容易となる情報であって秘密として管理されているものを、特定の者に対して教示又は示唆すること（3号）。

エ　特定の入札談合等に関し、事業者等の明示若しくは黙示の依頼を受け、又はこれらの者に自ら働きかけ、当該入札談合等を容易にする目的で、職務に反し、入札に参加する者として特定の者を指名し、又は

図表1−8　官製談合防止法の概要

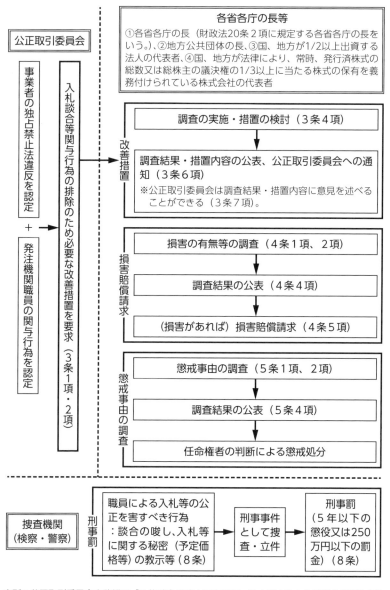

出所：公正取引委員会事務総局「入札談合の防止に向けて—独占禁止法と入札談合等関与行為
　　　防止法—」（令和3年10月版）27頁を基に筆者作成

その他の方法により入札談合等をほう助すること（４号）。

② 公正取引委員会の改善措置要求

公正取引委員会は、入札談合事件の審査の過程において、入札談合等関与行為（以降「当該行為」という）があると認めるときは、発注機関（国、地方公共団体およびこれらが法律により議決権の３分の１以上の株式の保有を義務付けられる特定法人、国又は地方公共団体が資本金の２分の１以上を出資している法人）の代表者に対し、当該行為を排除するために必要な措置を講ずるよう求めることができる（同法３条１項・２項）。この要求は書面で行うことになっている（同条３項）。

③ 措置要求を受けた発注機関の長の義務

公正取引委員会から措置要求を受けた発注機関の長は、同法により以下の措置をとることが要請されている。

ア　調査を行い、当該行為があり、又は当該行為があったことが明らかになったときは、当該行為を排除し、又は当該行為が排除されたことを確保するために必要と認められる改善措置を講ずる（３条４項）。

イ　当該行為による発注機関の損害の有無について調査を行う（４条１項）。

ウ　当該行為により発注機関に損害が生じたと認めるときは、当該行為を行った職員の損害賠償責任の有無および発注機関に対する賠償額について必要な調査を行う（４条２項）。

エ　当該行為を行った職員が故意又は重大な過失により発注機関に損害を与えたと認めるときは、当該職員に対し、すみやかにその損害の賠償を求める（４条５項）。

オ　当該行為を行った職員に対して懲戒処分をすることができるか否かについて必要な調査を行う（５条１項）。

カ　上記ア、ウ、オの調査の結果および講じた改善措置の内容を公表する（５条４項）とともに、公正取引委員会に通知する（３条６項）。

キ　公正取引委員会は、カの通知を受けた場合において、特に必要があ

ると認めるときは、各省各庁の長等に対し、意見を述べることができる（3条7項）。

④　発注機関の職員による入札等の妨害に対する罰則

　改正前では、公正取引委員会が各省庁の長等に対し、関与職員への損害賠償請求など改善措置を要求するだけであったが、平成18年の法改正法により、発注機関の「職員が、その所属する国等が入札等により行う売買、貸借、請負その他の契約の締結に関し、その職務に反し、事業者その他の者に談合を唆すこと、事業者その他の者に予定価格その他の入札等に関する秘密を教示すること又はその他の方法により当該入札等の公正を害すべき行為を行ったときは、5年以下の懲役又は250万円以下の罰金に処する」旨の規定（同法8条）が新設された。

　例えば、発注機関の職員が、特定の事業者の役員から提示された入札談合の受注予定者を円滑に決定するための組合せ案に従い、契約担当課に対し、指名業者の組合せを指示する、秘密とされている予定価格等を入札参加者に漏らすなどの行為が罰則の対象となる。

　官製談合防止法8条は、刑法96条の6の特別法の位置づけである。

官製談合防止法の罰則規定（8条）の適用状況はどうか

1 発注機関職員に対する刑事罰の適用

　前項で述べた官製談合防止法改正8条は、官製談合の防止・排除の徹底を図るため、入札等の公正を害すべき行為、例えば、予定価格等の秘密情報を漏洩する等の行為を行った職員の職務違背性や非異性に着目して刑罰を科すものであり、独占禁止法違反行為の存在を前提としていないことに留意する必要がある。なお同条8条の罰則適用に当たっては、公正取引委員会は全く関与せず、警察・検察といった捜査機関が独自に捜査を行うことになっている。

2 公正取引委員会が把握している8条違反事例

　公正取引委員会が発注機関の職員向けに作成した研修テキスト「入札談合の防止に向けて──独占禁止法と入札談合等関与行為防止法」（公正取引委員会のホームページで閲覧可能）において紹介されている、官製談合防止法8条（罰則）の適用事例のうち、平成28年以降の主な違反事例を紹介する（下線部分が違反該当行為）。

事例1　岡山県O市のケース（平成28年）

　O市の職員は、同市が発注した市立学校の施設修繕事案9件の見積合わせによる随意契約に関し、特定の業者に許容価格（予定価格）に近い価格を漏洩したとして、8条違反に問われ、懲役1年2月（執行猶予3年）の判決を受けた。

事例2　福岡県Y市のケース（平成28年）

　Y市の職員は、同市が発注した市道の測量設計業務の見積合わせによる随意契約に関し、特定の会社に契約可能な金額を漏洩したとして、8条違反に問われ、罰金80万円の判決を受けた。

事例3　千葉県C市のケース（平成28年）

　C市の職員は、同市が発注した下水道関連設備の設計業務委託の制限

付一般競争入札において、特定の会社に予定価格を漏洩したとして、8条違反に問われ、懲役1年6月（執行猶予4年）の判決を受けた。

事例4 福岡県K町のケース（平成28年）

K町の町長は、同町が発注した町営住宅改修設計に関する指名競争入札において、落札する意思を持たないと見込まれる事業者を入札に参加させ、見返りに現金800万円を受け取るなどをしたとして、8条違反および加重収賄罪に問われ、懲役3年6月（実刑）、追徴金300万円の判決を受けた。

事例5 静岡県S市のケース（平成29年）

S市の職員は、同市が発注した下水道管路築造工事の指名競争入札において、特定の会社に予定価格を漏洩したとして、8条違反に問われ、懲役1年6月（執行猶予3年）の判決を受けた。

事例6 北海道S市のケース（平成29年）

S市の職員は、同市が発注した市営野球場の営繕工事の指名競争入札において、特定の会社に予定価格の基礎となる設計金額を漏洩したほか、受注する意欲のない業者を指名業者に選定するなどをしたとして、8条違反に問われ、懲役1年（執行猶予3年）の判決を受けた。

事例7 北海道M町立病院のケース（平成29年）

M町の町立病院の職員は、同病院が発注した磁気共鳴画像装置（MRI）納入の指名競争入札において、特定の会社に予定価格を下回る仕切り価格を伝える一方で、他の会社には予定価格を上回る仕切り価格を伝えるなどして特定の会社に落札させたとして、8条違反に問われ、懲役1年（執行猶予3年）の判決を受けた。

事例8 K省C地方整備局のケース（平成29年）

K省C地方整備局の職員は、同局三重河川国道事務所が発注した架橋工事の一般競争入札において、特定の会社に予定価格を漏洩し、見返りに合計で約32万円相当の飲食接待を受け800万円を受け取るなどしたとして、8条違反および加重収賄罪に問われ、懲役2年（執行猶予3年）、追徴金200万円の判決を受けた。

事例9　兵庫県H市のケース（平成29年）

　H市の職員は、同市が発注した橋の補修工事の制限付一般競争入札において、特定の会社に最低制限価格を算定する基準となる設計金額を漏洩し、その見返りとして現金100万円を受け取ったとして、8条違反および加重収賄罪に問われ、懲役2年6月（執行猶予4年）の判決を受けた。

事例10　島根県O町のケース（平成29年）

　O町の職員は、同町が発注した新庁舎の建て替えに伴う備品購入の指名競争入札において、特定の会社に予定価格を漏洩し、その見返りに現金10万円およびビール券約7万円を受け取ったとして、8条違反および加重収賄罪に問われ、懲役2年（執行猶予4年）、追徴金17万円の判決を受けた。

事例11　宮城県K町のケース（平成29年）

　K町の職員は、同町が発注した排水路復旧工事の条件付一般競争入札において、一度終了した入札をやり直して別の業者に落札させたとして、8条違反等に問われ、懲役1年6月（執行猶予3年）の判決を受けた。

事例12　鹿児島県M町のケース（平成29年）

　M町の職員は、同町が発注した道路工事の測量設計業務委託の指名競争入札において、特定の会社に予定価格に関する情報を漏洩し、その見返りに現金9万円を受け取ったとして、8条違反等に問われ、懲役1年6月（執行猶予3年）、追徴金9万円の判決を受けた。

事例13　沖縄県Y村のケース（平成29年）

　Y村の村長は、同村が発注した多目的拠点施設整備工事の指名競争入札において、特定の会社に予定価格に関する情報を漏洩したとして、8条違反等に問われ、懲役1年6月（執行猶予3年）の判決を受けた。

事例14　三重県Y町のケース（平成29年）

　Y町の職員は、同町が発注した電気設備工事の指名競争入札において、特定の会社に予定価格算出の基礎となる設計価格等を漏洩したとして、8条違反に問われ、懲役1年6月（執行猶予3年）の判決を受けた。

事例15　岡山県K市のケース（平成29年）

　K市の職員は、同市が発注した公民館修繕工事の一般競争入札において、特定の会社に予定価格を漏洩したとして、8条違反に問われ、懲役1年6月（執行猶予3年）の判決を受けた。

事例16　岩手県C水道企業団のケース（平成29年）

　C水道企業団の職員は、同企業団が発注した水処理設備業務委託等の指名競争入札において、特定の会社に指名業者や設計価格を漏洩したとして、8条違反等に問われ、懲役1年6月（執行猶予3年）の判決を受けた。

事例17　埼玉県A市のケース（平成30年）

　A市の市長は、同市が発注したごみ処理施設のペットボトル処理業務の一般競争入札において、特定の会社に予定価格等を漏洩したほか、環境センターの運転管理業務の一般競争入札において、特定の会社が受注できるよう入札参加資格を設定する見返りに現金合計60万円を受け取ったとして、8条違反等に問われ、懲役2年6月（執行猶予4年）、追徴金60万円の判決を受けた。

事例18　宮崎県T町のケース（平成30年）

　T町の職員は、同町が発注した駅駐車場舗装工事等の指名競争入札において、特定の会社に予定価格や最低制限価格等を漏洩したとして、8条違反に問われ、懲役1年6月（執行猶予3年）の判決を受けた。

事例19　滋賀県M市のケース（平成30年）

　M市の職員は、同市が発注した認定こども園の厨房拡張工事の一般競争入札において、特定の会社に最低制限価格を算出する最低制限基準額を漏洩したとして、8条違反等に問われ、懲役1年6月（執行猶予3年）の判決を受けた。

事例20　T県のケース（平成30年）

　T県の職員は、同県が発注した排水路整備工事の一般競争入札において、特定の会社に予定価格や調査基準価格に近い額等を漏洩したとして、8条違反に問われ、懲役1年6月（執行猶予3年）の判決を受けた。

事例21　長崎県H町のケース（平成30年）

　H町の職員は、同町が発注した公園遊具補修工事の指名競争入札において、特定の会社に予定価格を推察できる情報等を漏洩したとして、8条違反等に問われ、懲役1年2月（執行猶予3年）の判決を受けた。

③　判例検索により明らかになった8条違反事例

　官製談合防止法8条違反に関する判例を検索したところ数多くの事例が検出された。このうち、平成28年以降の主なケースを紹介する（前項で紹介したものを除く）。

事例1　N省のケース（山形地裁判決平成28年（わ）250号）

　N省の職員は、同省が発注した土地改良建設事業工事の競争入札において、特定の会社に入札に関する秘密事項を教示したとして、8条違反に問われ、懲役2年（執行猶予3年）の判決を受けた。

事例2　K省のケース（名古屋地裁判決平成28年（わ）2475号）

　K省国道事務所の職員は、同事務所が発注した架橋の設計業務の競争入札において、特定の会社に同業他社の技術提案書、当該会社の技術評価点及び当該入札の調査基準価格等を漏洩し、見返りに賄賂を収受したとして、8条違反および加重収賄罪等に問われ、執行猶予付懲役刑の判決を受けた。

事例3　北海道C市のケース（札幌地裁判決平成28年（わ）880号）

　C市の職員は、同市が発注した施設保全業務の指名競争入札において、受注する意思のない業者を指名業者に選定し、特定の会社に他の指名業者名や予定価格算定の基礎となる設計金額を漏洩したとして、8条違反等に問われ、懲役1年（執行猶予3年）の判決を受けた。

事例4　佐賀県E市のケース（佐賀地裁判決平成27年（わ）5号）

　E市の職員は、同市が発注した工事の競争入札において、特定の業者に最低制限価格を漏洩したとして8条違反に問われ、懲役2年6月（執行猶予4年）の判決を受けた。

事例5　鉄道・運輸機構のケース（東京地裁判決平成26年(わ)248号）

　鉄道・運輸機構の職員は、同機構が発注した工事の競争入札において、特定の業者に予定価格に近い価格を漏洩したとして、8条違反に問われ、懲役1年2月（執行猶予3年）の判決を受けた。

事例6　岡山県F市のケース（岡山地裁判決平成29年(わ)325号）

　F市の職員は、同市が発注した冷暖房設備工事の競争入札において、特定の業者に予定価格を教示したとして、8条違反に問われ、懲役1年6月（執行猶予3年）の判決を受けた。

事例7　沖縄県G町のケース（那覇地裁判決平成28年(わ)451号）

　G町の職員は、同町が発注した建築工事の競争入札において、特定の業者に秘密情報である設計金額を教示し、その謝礼として30万円を受け取ったとして、8条違反および加重収賄罪に問われ、懲役2年（執行猶予3年）の判決を受けた。

事例8　兵庫県H市のケース（神戸地裁判決平成28年(わ)960号）

　H市の職員は、同市が発注した道路工事の一般競争入札において、特定の業者に入札に関する秘密事項を漏洩し、その見返りに賄賂を受け取ったとして、8条違反および加重収賄罪に問われ、懲役2年6月（執行猶予5年）の判決を受けた。

事例9　佐賀県I市のケース（佐賀地裁判決平成27年(わ)5号）

　I市の職員は、同市が発注した2つの工事の競争入札において、特定の業者に秘密情報である最低制限価格を漏洩し、その見返りに100万円の賄賂を受け取ったとして、8条違反および加重収賄罪に問われ、懲役2年6月（執行猶予4年）の判決を受けた。

　以上のとおり、官製談合防止法8条（罰則）の適用事例の大部分は、予定価格や最低制限価格等の秘密情報の漏洩であるが、このような犯罪は、予定価格等を秘密情報とせず事前公表することにより未然に防止し得る。

28 談合の被害に遭った場合、どのように損害賠償を請求するのか

1 損害賠償請求の概況

　カルテルや談合により損害を被った発注機関や納税者（以降「発注機関等」という）が、その損害を取り戻す方法として最もポピュラーなのが民法709条の不法行為に基づく損害賠償請求訴訟である。

　このほか、独占禁止法25条の損害賠償請求訴訟もある。同条では、事業者は故意又は過失がなかったことを理由に損害賠償責任を免れることはできないという無過失損害賠償責任を規定しているので、民法に基づいて行うよりも損害の賠償が容易になるといえる。ただし、審決が確定した後でなければ主張することができず（同26条1項）、また、民法709条に基づく訴訟はどの地方裁判所にも提起できるが、独占禁止法25条に基づく訴訟提起は東京地方裁判所に限られる（同法85条の2）という違いがある。そのため、民法709条のほうが使い勝手が良いといえる。

　また、近年、発注機関が、談合により被った損害をより容易に取り戻す方法として、落札者と契約を締結する際、契約書に、落札者が談合により発注機関に損害を与えた場合は一定率（契約金額の20％前後が多い）の違約金を徴収する旨のいわゆる「違約金条項」を盛り込む例が増えている。

　実際に談合により損害が発生した場合、発注機関は、「違約金条項」に基づいて加害企業に一定率の違約金の支払いを請求することになる。請求を受けた企業は、請求どおりの違約金を支払う例が多いが、違約金が実損害額を明らかに超えていると思われる場合には、加害企業が違約金の減額請求訴訟を提起するケースもある。

　訴訟では、違約金の一定率が公序良俗に反するほど高率かどうかが争われることになるが、裁判所は、「受注業者は、談合をすれば違約金を支払わなければならないことを承知で契約したのであるから、これを支払うのは当然」と判断することが多い。このことは、談合で被害を被っ

た発注機関が、加害企業に対し賠償を請求する最も効果的な方法は、契約書に「比較的高率の違約金条項を盛り込むこと」であると教えてくれている。

　しかし、違約金の一定率が談合による実損害額よりも著しく低い場合には、発注機関は、一定率を超える損害額を民法709条に基づいて請求する必要が出てくる。

　そこで、以下では、談合の存在が公的に認定されている場合を想定し、発注機関が同条に基づいて損害賠償請求を行う際の手続きを解説する。

②　民法709条に基づく損害賠償請求手続

①　原告が立証すべき事項

　民法709条に基づいて加害企業に対し損害賠償請求をする場合、発注機関は、(i)不法行為の存在、(ii)不法行為と被った損害との相当因果関係、(iii)その損害額の 3 点を立証する必要がある。

　このうち(i)不法行為の存在については、公正取引委員会等公的機関が審決等で談合の存在を認定している場合には、発注機関は「当該審決等で談合の存在を推認し得る」と主張すれば足りる。しかし、談合の存在が公的に認定されていない場合には、発注機関が自ら談合の存在を立証する必要がある。

　(ii)の不法行為と損害の相当因果関係については、談合が存在する場合には、自由な競争が行われている場合よりも落札価格が吊り上げられている（落札率が高くなる）という経験則が定着しているから、発注機関がこれを立証する必要はほぼなくなっている。

　現在では、(iii)の損害額を立証することが発注機関の最大の課題となっている。

　この点について、鶴岡灯油事件最高裁判決（最判平成元年12月 8 日民集43巻11号1259頁）の少数意見は、独占禁止法25条又は民法709条における損害の発生、因果関係の主張立証は「消費者にとって容易な業ではないのである。もし独禁法25条に基づく訴訟について、消費者の被った損害の額につき何らかの推定規定を設けたならば、消費者が同条

に基づく訴訟を提起することが容易となり、同条の規定の趣旨も実効あるものとなるであろうと考えられる」と述べて、損害額算定のための推定規定の必要性を提案した。

　この判決を受けた形で、平成10年に民事訴訟法が改正され、「裁判所は、口頭弁論の全趣旨及び証拠調べの結果に基づき、相当な損害額を認定することができる」との規定（248条）が設けられた。

　このため、現在では、発注機関等の損害額の立証は大幅に容易になったといえる。ただし、発注機関が、その被った損害の額を主張立証する義務がなくなったわけではないことに留意すべきである。

② 損害額の算定方法

　カルテルや談合による財産上の損害額は、一般に、加害行為がなければ存在したであろう状態と加害行為によって生じた状態との差額で捉えられる（最判昭和62年7月2日民集41巻5号785頁）。

　すなわち、談合の場合は、談合がなければ存在したであろう落札価格（以降「想定価格」という）と、談合に基づく落札価格との差額で捉えられる。しかし、この「想定価格」は、実際には存在しなかった価格であるから、損害額を算定するためには何らかの方法により「想定価格」を推定する必要がある。

　公正取引委員会に設置された「独占禁止法違反行為に係る損害額算定方法に関する研究会」（座長・淡路剛久立教大学教授）は、平成3年5月15日、「独占禁止法第25条に基づく損害賠償請求訴訟における損害額の算定方法について」と題する報告を行った（以降「研究会報告」という）。

　この研究会報告は、米国では、加害行為がなければ存在したであろう状態と加害行為によって生じた状態との差額（すなわち損害額）の算定方法として、次のような考え方があるとしている。

ア　前後理論

　例えば、価格カルテルの場合には、違反行為が行われる以前の価格と、

違反行為が行われている期間中の価格とを比較し、その差額を基に損害額を算定する考え方である。違反行為が長期間にわたる場合等には、違反行為が行われている期間中の価格と違反行為後の価格とを比較することもある。

イ　物差理論

　例えば、価格カルテルの場合には、違反行為が行われなかった地域の価格を基に、価格引き上げが行われていた地域の想定価格を推定し、これとカルテル期間中の価格との差額から損害額を算定する考え方である。

ウ　市場占有率理論

　例えば、取引拒絶により新規参入が妨害された場合には、被害者が違反行為により新規参入を妨害された市場において違反行為がなかったならば得られたであろう市場占有率を、被害者が違反行為を受けていない他の類似の市場における市場占有率を基に推定し、これを売上高に換算して違反行為がなかった場合の利益を推定することによって損害額を算定する考え方である。

エ　その他

　業界の状況に精通している専門家や学識経験者の証言による方法などがある。

　以上の損害額算定方法のうち「前後理論」が最も代表的なものである。

　この場合、「談合期間における価格」（A）と、「談合前の価格」（B_1）又は「談合崩壊後の価格」（B_2）の価格との差額が損害単価（C）に、[B_1／C又はB_2／C×100％] が損害率（D％）になり、「談合による損害額」（E）は、[E＝D％×談合期間の契約金額] になる。

　また、「価格」を「平均落札率」に置き換える方法もある。

　この場合、「談合期間における平均落札率」（A％）と、「談合前の平均落札率」（B_1％）又は「談合崩壊後の平均落札率」（B_2％）の差が損害率（D％）になり、「談合による損害額」（E）は、[E＝D％×談合期間の契約金額] になる。

入札監視委員会の運営はいかにあるべきか

1 入札監視委員会とは

① 設置根拠

　入札監視委員会は、入札契約適正化法に基づいて定められた適正化指針において、入札、契約の過程、契約内容の情報の公表に加え、学識経験者等第三者の意見を適切に反映することをすべての発注者に対して求めているため、ほとんどすべての発注機関に設置されている。

② 入札監視委員会の性格と現状

　入札監視委員会は、国・自治体等が発注する建設工事、委託業務、物品購入の入札・契約手続について、その客観性・公平性・透明性を確保することを目的に、第三者の立場から審議を行う、いわゆる「第三者機関」であり、国およびその監督下にある独立行政法人等ならびに主要な自治体には全て設置されている。なお、入札監視委員会が設置されていない自治体については国が早急に設置するよう要請している。

③ 入札監視委員会の委員構成

　委員会の委員の数は、発注機関により様々であるが、少ないところで3名、多いところで7名程度である。委員は、大学教授、弁護士、公認会計士、税理士、不動産鑑定士、公正取引委員会OBなどである。

④ 会議開催の回数と所要時間

　委員会の開催回数は発注機関によるが、少ないところで年3回、多いところで年6回程度である。会議の所要時間は1回2時間程度のところが多いが、規模の大きな発注機関では1回当たり4～5時間のところもある。

⑤ 審議の内容

　一定期間内に発注された入札案件の中から問題があると思われる10件程度を抽出し、これを審議の対象にしているところが多い。

2 審議対象案件の抽出方法等に関する「工夫」

　審議対象となる入札案件の抽出方法については、原則をあらかじめ決

　めておいて事務局がこれに沿って第1次抽出を行い、これを基に委員長
が判断する方法、抽出は各委員の持ち回りとし各委員の判断に任せる方
法、各委員が一定件数ずつ抽出する方法など様々である。発注機関の規
模等にもより、いずれが良いかは一概には言えない。
　しかし、長年、各種発注機関の入札監視委員会の委員を務めた筆者の
経験から、いずれの方法を採用するかは別にして、限られた時間内に効
果的に審議をするためにはそれに相応しい対象案件を抽出する必要があ
り、そのために守らなければならない「抽出の原則」があるように思う。
　例えば、ある国で鳥インフルエンザが流行しているので空港で検査を
することになったとして、検査を担当する職員の数が限られており入国
した旅行者のすべてを検査することが難しい場合、どう対処するのが最
も効率的かを考えてみるとよい。この場合、サーモグラフィ付きのモニ
ターで入国した旅行者をすべてチェックし、体温の高い者を重点的に選
んで精密検査を行うのが最も効率的な方法である。
　入札における「落札率」は人間の「体温」に似ている。すなわち、体
温が高い場合には、体のどこかが炎症を起こしている疑いがある。それ
と同様に、「落札率が高い案件については入札の仕方や入札参加者の行
動などのどこかに問題がある」と考えたほうがよい。
　ある発注機関の入札監視委員会では、直近四半期内に発注されたすべ
ての案件の中から、無作為抽出により15件程度の審議対象案件を選定
し審議の対象にしていた。しかし、これでは「平温」の入国者も精密検
査の対象にし、逆に精密検査が必要な者を放置するようなものであり、
妥当とは言えない。
　筆者が関わった中で比較的充実した議論が行われている東京都立川市
の入札等監視委員会を念頭に、以下、あるべき抽出方法と事務局が準備
すべき資料の内容を検討することにする。
　入札監視委員会の審議が充実するか否かは、審議案件の抽出方法もさ
ることながら、事務局が「いかに有意義な資料を準備するか」に懸かっ
ていると言っても過言ではない。
　第1は、一定期間内に発注された全案件の定量データ（件数、平均参

加者数、契約金額、平均落札率等）とその対前期比較ができるデータを用意し、全体としての競争状態を把握できるようにすることである。これらに加えて、これを業種別に整理した5年分程度のデータがあれば業種ごとの競争状況の把握が可能になる。

第2は、一定期間内に発注された入札案件ごとの入札結果（契約番号、発注担当部署、件名、業種、落札業者名、所在地区分、入札日、契約金額（税抜き）、予定価格（同）、契約方式、参加者数、辞退、不参加、無効、失格、落札率等）を、発注規模別（例えば、1億円超、5000万円超1億円以下、1000万円超5000万円以下、1000万円未満等）に、落札率が高いほうから一覧にした資料を用意することである。このデータが抽出する際の基礎になる。

第3は、抽出の仕方である。発注規模別に、談合が疑われる落札率が「95％超」の案件を中心に選定し、類似案件が複数ある場合には、重複を避けて発注規模が大きいものから1つを選定する。なお、「95％超」の案件がない場合には、次善の策として落札率「90％超」から選定する。

第4は、抽出された案件についての具体的なデータ（入札公告、入札経緯結果表、工事費内訳書等）を用意することである。この場合、当該案件が毎年継続して発注されていれば、過去5年間の入札結果（発注担当部署、件名、落札業者名、所在地区分、入札日、契約金額（税抜き）、予定価格（同）、契約方式、参加者数、落札率等）を付け加えると、審議を深めることができる。また、本書第1章24の「談合を発見する方法」（70頁以降）を参考に工事費内訳書を分析すれば、談合の存在が推認できる。

第五は、特命随意契約については「なぜ特命随意契約を認めるか」「予定価格の設定が適正であったか」の2点をチェックする必要がある。その審議に供するために、「特命随意契約を認めた具体的な理由」と「予定価格の算定根拠を示す資料」が必要である。職員が再就職した会社や団体との特命随意契約を特命随意契約の相手方から「参考見積」を提出させてこれを基に予定価格を設定したケースがあれば「要チェック」である。

コ ラ ム

事業者団体に対する災害発生時の道路啓開作業に係る委託事業者の候補の選定依頼について

1　L県の公正取引委員会への相談の概要

①　L県は、近い将来発生が懸念される災害に備え、災害発生時、緊急車両等の通行のために、早急に最低限の瓦礫処理を行い、救援ルートを開ける役務（道路啓開作業）の実施を委託する事業者をあらかじめ選定し、当該事業者と随意契約を締結することを検討している。

②　L県には、県内の全ての建設業者が加盟している事業者団体が存在し、当該事業者団体は、構成員の建設土木機械等の所有状況や人的資源等を把握している。

③　L県は、道路啓開作業の委託先の候補となる建設事業者（候補事業者）の選定に当たり、当該事業者団体に対し、委託先事業者に求める条件を示した上で候補事業者の選定を依頼し、L県が示した条件を踏まえた客観的な基準に基づき当該事業者団体が選定した候補事業者と個別に価格等の交渉を行って、条件が合致した場合に随意契約を締結することを検討している。

④　以上の施策を講ずることについて、独占禁止法上および競争政策上問題がないか。

2　公正取引委員会の回答要旨

公正取引委員会の回答は、次のとおりである（公正取引委員会「地方公共団体職員のための競争政策・独占禁止法ハンドブック」令和3年12月、65頁）。

① 　行政機関が発注先を選定するに当たり、事業者団体に対して、必要な情報提供等の依頼や候補事業者の選定を求め、事業者団体がこれに応ずることは、直ちに独占禁止法上問題となるものではない。

② 　しかし、事業者団体が、受注調整や事業者間で差別的な取り扱いをするなどの行為を行う場合は、これが行政機関の施策により誘発されたものであっても、独占禁止法上問題になる。

③ 　L県の場合、事業者団体は県が示した条件を踏まえた客観的な基準に基づいて候補事業者の選定を行うことにしており、加えて、事業者団体が選出した候補事業者について、県はそのまま委託事業者にするのではなく、個別の交渉を行い、条件が合致した場合にその事業者との間で随意契約を締結することが予定されているので、独占禁止法上

97

問題とはならない。

3　公正取引委員会の回答に対する筆者のコメント

　公正取引委員会は、本件について独占禁止法上問題なしと回答したが、仮に、当該事業者団体が、県内の全ての建設業者を網羅しておらず、アウトサイダーが存在する場合のことを考えてみたい。

　一般に、災害発生時に特命随意契約で発注される工事や役務は、競争がない分、業者にとって「おいしい仕事」と言われる。L県のように、候補事業者の選定を事業者団体に依頼した場合、アウトサイダーが候補事業者に選出されることはまずない。つまり、アウトサイダーにとってこの「おいしい仕事」にありつけないという問題が発生する。

　この問題を解決する方法について、筆者が調査等で得た知見（経験則）を紹介しよう。

　神奈川県のＹ市は、一定の能力があれば誰でも入札に参加できる一般競争入札を導入したところ、これが「かく乱要因」となり談合が排除され、競争性が増して、落札率が大幅に低下した。Ｙ市には、市内の建設業者のほぼすべてが加盟するＹ建設業協会が存在した。この協会が談合の「場」になっていたようで、「談合のできない協会に留まっても仕方ない」と考えたメンバーが協会を脱退し、アウトサイダーとなったのである。

　Ｙ市は、従来、Ｙ建設業協会と災害協力協定を締結し、災害が発生した場合には、同協会が推薦した建設業者と随意契約を締結することにしていた。しかし、アウトサイダーが増えたのを契機にＹ市は、市内の全ての建設業者を対象に、一定の条件を示した上で災害協力事業者を公募し、応募してきた建設業者のうち条件が合致する者と個別に災害協力協定を締結する方法に変更した。

　Ｙ市のケースから筆者が得た知見は、アウトサイダーがいようがいまいが、自治体は、災害協力事業者を募集するに当たり、事業者団体を通すことなく、域内の全事業者を対象に一定の条件を示して公募し、適格事業者と個別に契約を締結するのが望ましいということである。

　仮に、L県が、道路啓開作業を委託するに当たり、Ｙ市のように公募により委託先事業者を選定し、これと個別に随意契約を締結する方法を採用していれば、独占禁止法および競争政策上の問題は一切生じないので、公正取引委員会に相談することもなかった。

コラム

市によるごみ袋の小売価格の統一に係る行政指導について

1　E市の公正取引委員会への相談の概要

　E市は、ごみ収集に当たり、E市指定の規格を満たすごみ袋を使用することを義務付けているところ、市民の負担を平準化する見地から、既に一般商品として流通しているE市指定のごみ袋の小売価格を統一させることを検討している。具体的には、卸売業者を通じて、あるいは小売店に対して直接、一定の価格水準・価格帯等を示すなどして、ごみ袋を一定価格で販売させることを考えているが、独占禁止法上および競争政策上問題がないか。

2　公正取引委員会の回答

　公正取引委員会の回答は、以下のとおりである（公正取引委員会「地方公共団体職員のための競争政策・独占禁止法ハンドブック」令和3年12月、46頁以下）。

（1）E市指定のごみ袋の価格は、卸売業者、小売店等が自主的に設定しており、事業者は、価格の引下げを行うなどを自由に決定することができる。公正かつ自由な競争を維持・促進するためには、商品又は役務の価格設定が事業者の自主的な判断に委ねられる必要があり、行政機関は、法令に具体的な規定がない価格に関する行政指導により公正かつ自由な競争が制限され、又は阻害されることのないよう十分配慮する必要がある。

（2）個々の卸売業者、小売店等が自らの判断で自由に設定することができるE市のごみ袋の小売価格の設定が、当該行政指導によって、E市から示された一定価格に統一されることになれば、事業者の創意工夫の発揮を妨げるとともに、価格引下げのインセンティブを失わせることとなり、かえって市民の不利益にもなりかねない。

（3）また、E市による卸売業者に対する小売価格の行政指導によって、卸売業者による小売店等に対する販売価格の自由な決定の拘束（再販売価格維持行為）といった、卸売業者の独占禁止法違反行為を誘発するおそれがあり（同法2条9項4号、19条）、さらに、E市による各小売店に対する小売価格の統一のための一定の価格水準・価格帯等を示すなどした行政指導によって、卸売業者間又は小売店間において、当該行政指導で示された価格を目安とするなどして価格を共同して決定するといった、卸売業者又は小売店による独占禁止法違反行為を誘

発するおそれがある（同法3条）。
（4）事業者又は事業者団体の行為については、たとえそれが行政機関の行政指導により誘発されたものであっても、独占禁止法の適用が妨げられるものではない。

第2章

入札改革の成功例と課題の検証

入札改革により「談合」と「政官業の癒着」の排除に成功した長野県

1　入札改革の始まり

　長野県では、平成12年、強烈な個性を持った田中康夫知事が登場し、平成14年には「談合バスター」といわれるその道の専門家に依頼して入札改革に着手し、発注地域を広域化するとともに一定の能力があれば誰でも入札に参加できるような入札制度に改めた。入札改革の結果、談合を撲滅させただけでなく政官業の癒着をも排除することに成功した。その後、知事が交代し、入札改革の行方が心配されたが、現在では、受注希望型競争入札（いわゆる「条件付き一般入札」）を基本にしつつ簡易型・総合評価方式を積極的に採用し、全国的に注目されている。

　以下では、田中知事時代の長野県の入札改革を総括しながら、「長野モデル」ともいうべき独自の総合評価方式の運用状況を紹介しつつ、その課題も検証する。

2　長野県入札改革の３つの理念と５つの柱

　長野県の入札改革は、３つの理念の下に、５つの柱を立てて行われた。
①　入札改革「３つの理念」
第１の理念　「納税者が求める４つの条件」が満たされる入札制度へ
　第１の理念は、「納税者」の立場を踏まえたものであり、①透明性の確保、②競争性の確保、③客観性の確保および④公正・公平性の確保という「納税者の求める４つの条件」を実現することである。
第２の理念　「いい仕事をする業者が報われる」入札制度へ
　第２の理念は、「受注業者」の立場を踏まえたもので、入札制度に「いい仕事をする業者が報われる」ような仕組みを取り入れるものである。
第３の理念　「公務員の意識改革」を促す入札制度へ
　第三の理念は、「発注者」の立場を踏まえたものであり、入札制度を改革することにより、発注機関および職員の意識改革を図るとともに、「政官業の癒着構造」を払拭するものである。

②　入札改革「5つの柱」

第1の柱　談合のしにくい入札制度への改革

　長野県の場合、入札改革前は、公共工事等の大部分が指名競争入札により発注されており、平成13年度の平均落札率は、建設工事97.4％、建設関連委託業務が95.3％ときわめて高い水準であった。

　また、指名制度の下で、長野県所在の測量業者および建設コンサルタント業者が、談合を行っていたことや、測量設計業務の入札に際し、県の係長が予定価格等の情報を業者に漏らし、その見返りにパソコン等の金品を受け取っていたことなどが明らかになった。

　平成15年2月以降、問題の多い指名制度を全廃し、一定の能力があれば誰でも入札に参加できる受注希望型競争入札（条件付一般競争入札）に全面的に移行することにした。

　また、県内15ブロックに分かれていた発注地域を、一定規模以上の物件については県内一円、それ以外は県内4ブロック（東信・北信・中信・南信）とし、入札参加者数を大幅に増やすことにした。

第2の柱　民間能力・民意が反映される入札制度への改革

　住民が公共事業の計画段階から参加し得るようにするため、公共事業に関する情報をインターネット等により事前に開示することにした。

　また、価格のみによらない入札方式を拡大させるため、大規模工事については総合評価方式、VE方式、CMR方式、PFI方式など新しい入札方法を採用し、民間の能力を活用することにした。

第3の柱　競争性の確保と不当廉売防止・工事品質の確保との両立

　工事品質を確保するため、工事検査部署を拡充強化するとともに、抜き打ち検査を含めて検査回数を大幅に増やすことにした。

　また、平均価格を著しく下回る価格での応札者や工事原価を著しく下回る価格での応札者を契約から排除する、平均最低制限価格制と低入札価格調査制を併せて導入することにした。

　なお、公共入札における不当廉売を効果的に規制するため、公正取引委員会に対し「公共入札における特定の不公正な取引方法」（特殊指定）の制定を要請することとされた（平成15年11月、公正取引委員会

に要請)。

さらに、不良工事を施工した業者にペナルティを課すとともに、優良工事を施工した業者に対し優遇措置を講じる制度を設けることにした。

第4の柱　競争性の確保と受注機会の確保との両立

競争性が確保される範囲内において、県内業者への発注を優先するが、競争性が確保されていないと判断されるときは県外業者を入札に参加させることにした。

また、発注規模が1億円以上の大規模工事については、入札時に入札参加者に対し、工事費内訳書に下請業者名の記載を求めることにした。

なお、大規模工事の発注方式として特定JVの結成を要件とせず、契約時に契約金額の一定率以上の下請契約を県内業者と締結する旨の条件を付けることにした。

第5の柱　競争性の確保と行政効率の向上との両立

入札事務コストの増大に対処するため、資格審査について、入札後に落札者のみを対象に行う事後資格審査方式を採用することにした。

また、事務効率化のために電子入札を導入することにした。

③　長野県の入札改革の成果

前述のとおり、長野県の入札改革は、田中知事の強力なリーダーシップの下に始められたが、入札改革の進め方については長野県公共工事入札等適正化委員会に任された。

平成15年2月から始められた同県の入札改革について、談合と政官業の癒着の排除にはおおむね成功したと評価している。このことについて、筆者は、平成16年12月に出版した『入札談合の研究〔第二版〕』(信山社)のはしがきに次のように記した。

「平成13年に『入札談合の研究』初版を出してから3年が経過しました。初版では、横須賀市などを参考に、あるべき入札制度改革を提案させていただきました。

本書の出版を契機に、いくつかの自治体から入札制度改革を手伝うよう依頼を受け、この提案を実際に試みる機会を得ました。著書で提案し

たことを自ら実証できる機会が与えられたということは、研究者にとって極めてまれで幸運なことでございます。

　幸いにも、提案したとおり、一定の能力があれば誰でも入札に参加できるようにする、すなわち、恣意性を排除した入札制度に改革すれば、談合がほぼ排除されて予算の大幅節約が可能になるだけではなく、政官業の癒着がおおむね排除できることが実証できました」

　以下、長野県の入札改革の「成果」を具体的に見ていくことにする。

① 談合がほぼ排除された

　長野県における建設工事の平均落札率は、平成13年度の97.4％から平成15年度は73.1％と24.3ポイントも低下しており、談合はほぼ排除されたものと見られる。建設関連委託業務でも、平均落札率は平成13年度の95.3％から平成15年度には52.4％と42.9ポイントも低下しており、こちらも談合はほぼ排除されたものと見られる。

　談合が排除された理由は、第1に一定の能力があれば誰でも入札に参加できるようにしたこと、第2に地域要件を広げ入札に参加できる業者数を増やしたことなど、「談合のかく乱要因」を取り入れたことによる。

　図表2－1は、長野県における入札改革直後の建設業者の地域間移動の実態である。

　平成15年1月まで、長野県では15の建設事務所ごとに地域内の建設工事が発注されていた。しかし、入札改革後は、8,000万円未満の土木工事および9,000万円未満の建築工事については、県内を東信・北信・中信・南信の4ブロックに分けて発注することにした。つまり、発注地域を広域化した。

　その結果、建設業者が地域をまたいで受注するようになり競争性が増した。東信ブロックについてその様子を見てみよう。

　図表2－1によれば、旧上田建設事務所管内で発注された326件の建設工事のうち21.5％に当たる70件を管外の業者が受注しており、そのうち69件が佐久建設事務所管内の業者であった。これに対し、上田建設事務所管内の業者が佐久建設事務所管内で受注したのは10件にとど

図表２−１　長野県における入札改革直後の地域別受注状況

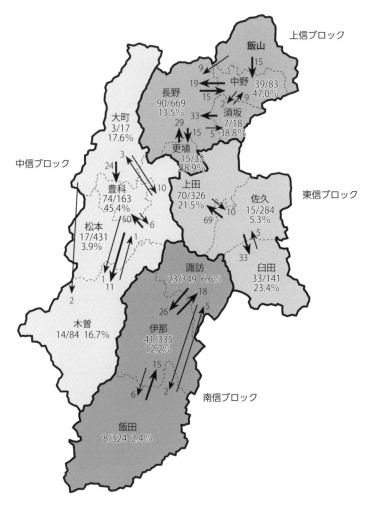

出所：長野県ホームページ（長野県公共工事等適正化委員会資料）を基に筆者作成
注：→は建設事務所地域外からの受注件数

　まっている。また、佐久建設事務所管内の業者は臼田建設事務所管内で
33件を受注しているが、同管内の業者は佐久建設事務所管内で５件し
か受注していない。このように、入札改革後、東信ブロックにおいてと
りわけ佐久建設事務所管内の業者が活発に「管外進出」を果たしている

ことがわかる。

　その結果、競争性が増して、東信ブロックの建設工事の平均落札率は、平成13年度の97.1％から平成15年2～3月には65.4％に急低下した。

　他のブロックにおいても、東信ブロックと同様の状況が生まれている。

② 予算が大幅に節約できた

　平成15年度における入札差金（予算額と実際の支出額の差額）は195億円余にのぼり、県民1人当たり約9000円の予算が節約されたことになる。節約額は、翌年度以降に計画していた事業の前倒し、県民生活に密着した社会資本の整備・防災上緊急を要する事業、森林整備事業等投資効果が期待できる事業に活用された。その結果、47都道府県の下から2番目に悪かった長野県の財政状況が大幅に改善された。

③ 政官業の癒着がほぼ排除された

　長野県では、平成13年度までは、幹部OBが建設関連企業に再就職（天下り）していたが、入札改革後の平成15年度以降は、これが全くなくなった（108頁参照）。

　天下りが減った理由は、指名制度がなくなったことで業者は県に指名してくれるよう働きかける必要がなくなり、発注機関の退職者を受け入れるメリットがなくなったためと考えられる。

　また、指名制度が存在した当時は、県の職員には、少なからず業者よりも優越した地位にあるとの認識があったが、指名制度の全廃により、こうした意識がかなり払拭されたと見られる。

④ 発注事務が効率化された

　入札の都度、入札参加業者を指名する業務および入札前に参加業者の資格審査をする業務が不要となり、発注事務が効率化された。

一般競争入札の全面的導入で「天下り」を根絶させた長野県

　恣意性を一切排除した一般競争入札を全面的に導入すれば「天下り」がほぼ完全に排除できること、及び総合評価方式を導入後に「天下り」が復活している実例を紹介しよう。

　長野県では、平成13年度末には10名の技術系幹部職員が建設関連企業に再就職（つまり「天下り」）していた。しかし、入札改革を開始した平成14年度末には5名に減り、さらに、平成15年2月から建設工事について全面的に一般競争入札を導入した結果、平成15年度末には遂に「0」になった。これについて、長野県公共工事入札等適正化委員会は「指名制度を廃止したため、業者は発注担当者に指名してくれるよう働きかける必要がなくなり、発注機関の退職者を受け入れるメリットがなくなったため」と評価した。この長野県の例は、一般競争入札を全面的に導入し入札・契約手続から恣意性を一切排除すれば、「天下り」を完全に排除できることを実証したものとして注目される。

　ところが、その後、長野県において測量設計業を営むK社長から「技術提案評価型・総合評価方式が導入されたのを機に、評価委員の経験を有するある発注機関の元職員を採用することにした」と聞いた。このことは恣意性の入り込みやすい技術提案評価型・総合評価方式を導入すると、それまで影を潜めていた「天下り」が復活することを物語っている。

　発注機関が本気で「天下り」を根絶する気があるのなら、入札・契約手続から恣意性を一切排除する必要がある。

市町村合併を機に入札改革の
地域を広げた三重県松阪市

1　はじめに

　松阪市は、平成13年度から横須賀市を手本に条件付き一般競争入札への全面的移行を行ったり電子入札の導入を行ったりするなど、入札改革の「先進自治体」の1つであった。他方、合併で新たに松阪市に加わった旧4町は未だ指名競争入札を続ける、いわば入札改革に未着手の自治体であった。そこで、合併する際「合併後3年経過したら旧松阪市の入札制度に合わせる」旨の約束がなされた。

　以下では、松阪市が合併を機にどのように入札制度の設計・運用をしたか、それが入札結果にどのように反映されたかを検証し、市町村合併の際どのような制度設計をすれば入札改革に役立つかを検討する。

2　旧松阪市が入札改革を始めた経緯

　入札改革を始めるまでの旧松阪市は指名競争入札で、平均落札率は97％台で推移していた。そのような状態を何とか打開したいと考えた当時の野呂市長が、平成13年6月の三役部課長会議の席上で、突然、「入札制度改革を行って、談合を根絶する」と宣言した。

　決断後の同市長の行動は素早かった。同年7月には自らが会長を務める検討会議を立ち上げ、8月には入札改革の旗手であった横須賀市を訪問して自ら入札改革の手法を学び、6回の検討会議を経て、12月には、市議会全員協議会の場で新しい入札制度を発表した。

　なお、旧松阪市は、入札改革をどのように進めるかについて建設業協会等の意見を聞く機会は一切設けなかった。これは、「その必要はない。発注者は市役所であり、業者がいちいち口を挟む話ではない」という野呂市長の「信念」に依拠するものであった。

3　どのように改革を進めたのか

　旧松阪市は、「市民から信頼される公共事業」をモットーに、第1に

公正・公平で透明性が図られ、競争性が高まる制度（談合のしにくい仕組みづくり）、第2に発注者の恣意性が排除される制度、第3に工事品質が確保される制度、第4に入札参加者の入札に係る負担が軽減される制度にすることを目指して入札改革に取り組んだ。

　平成14年4月から建設工事・委託とも、郵便局留方式による条件付き一般競争入札を実施した。その後、事務合理化の必要から電子入札の導入を企図し、平成16年4月から本格的に稼働させた。さらに、設計価格の事前公表、設計図書のコピー店での調達なども行っている。これらの旧松阪市の入札改革は「横須賀方式」に準拠したものである。

4　入札改革の成果

　次表は、平成11年度から平成19年度の工事および委託（建設関連の委託業務）の平均落札率の推移を示したものである。

図表2−2　松阪市の建設工事等の落札率

	10 年度	11 年度	12 年度	13 年度	14 年度	15 年度	16 年度	17 年度	18 年度
建設工事	97.2%	97.2%	98.0%	85.54%	85.39%	85.33%	85.35%	85.56%	85.86%
業務委託	96.3%	96.5%	74.4%	42.75%	54.52%	65.09%	70.48%	70.30%	69.55%
全　体	97.1%	97.2%	96.9%	80.60%	82.72%	83.57%	83.21%	83.32%	83.16%

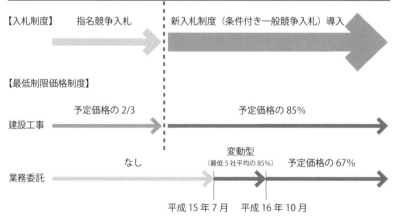

【入札制度】　　指名競争入札　　　新入札制度（条件付き一般競争入札）導入

【最低制限価格制度】

　　　　　　　　予定価格の 2/3　　　　　　　予定価格の 85%
建設工事

　　　　　　　　　　　　　　　　　変動型
　　　　　　　　　なし　　　　　（最低5社平均の 85%）　予定価格の 67%
業務委託

　　　　　　　　　　　　平成 15 年 7 月　　　平成 16 年 10 月

出所：松阪市「松阪市の入札制度」（平成20年2月）4頁

　入札改革を始める前の平成11年度から平成13年度の工事の平均落札率は97％程度であったが、入札改革により一般競争入札を導入するや一気に最低制限価格ラインである85％程度まで急落している。

　一方、委託の平均落札率は、平成12年度までは95％程度を推移していたが、平成13年に公正取引委員会が三重県発注の測量・設計業務について談合が行われている疑いがあるとして立入検査をした影響で平成14年度には平均落札率が一気に40％台まで急落した。当時、委託には最低制限価格が設けられていなかったが、平成14年度に委託についても最低制限価格が設けられた結果、それ以降は、落札率が徐々に上昇し、平成15年度以降は70％程度を推移するようになっている。

　つまり、松阪市では、入札改革をする前には90％台後半であった平均落札率が、改革後は一転して最低制限価格近辺の水準を推移するようになっている（これは、入札改革を行った自治体共通の現象である）。

　また、図表２－３は、平成11年度から平成18年度までの工事契約金額および入札差金の推移である。入札改革により入札差金が２倍ないし３倍に増加したことがわかる。

図表２－３　契約額と入札差金の推移

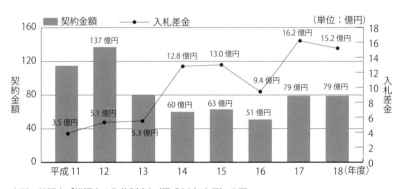

出所：松阪市「松阪市の入札制度」（平成20年２月）５頁

図表2－4は、平成11年度から平成18年度までの入札参加者数の推移である。

図表2－4　入札参加業者数の推移

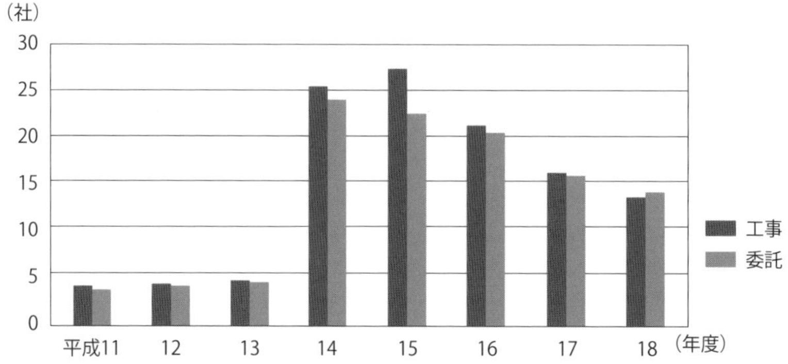

（社）

出所：松阪市「松阪市の入札制度」（平成20年2月）5頁

　これによれば、平成11年度までは4社程度による指名競争入札を行っていたが、平成14年度から一般競争入札を導入し、一定の能力があれば誰でも入札に参加できるようにすると、入札参加者数は一気に20社を超えるようになった。その後は、入札参加者数は減少傾向にあり、最近は10社から15社の間で推移している。

⑤　合併に伴う入札制度の設計

　平成17年1月、1市4町が合併し新松阪市が発足するが、それに先立ち、合併協議会が開催された。

　合併協議会では、合併後、旧4町の地域に対しても旧松阪市の入札制度を適用するか、地域制限をどうするかなどが議論された。合併前の旧松阪市および旧4町の入札制度および市内（地域内）の建設工事業者数は、図表2－5のとおりである。

　旧松阪市は業者数が178社と多く、条件付一般競争入札が採用されていたのに対し、旧4町は、業者の数が少なく、いずれも指名競争入札が採用されていた。

検討の結果、旧4町の入札制度は、基本的には「合併時に、松阪市の例により一元化を図る」こととされ、全地域で条件付き一般競争入札が導入されることになった。ただし、1500万円未満の土木（土木一式・管・水道本管）工事については、合併当初の3年間に限り導入を猶予することとされた。

図表2-5　合併前の入札制度と市内業者数

	旧松阪市	旧嬉野町	旧三雲町	旧飯南町	旧飯高町
合併前の入札制度	条件付き一般競争	指名競争	指名競争	指名競争	指名競争
建設工事の市内業者数	178社	37社	28社	26社	12社

出所：「松阪地方市町村合併協議会事務事業実態調査票」

合併後、1500万円以上の土木工事については本庁において全市一円を地域とする条件付き一般競争入札が、また、1500万円未満の土木工事については本庁（旧松阪市）、旧一志郡（旧嬉野町・旧三雲町。域内業者数65社）および旧飯南郡（旧飯南町・旧飯高町。域内業者数38社）の3地域において「地域指定型」条件付き一般競争入札がそれぞれ実施されている。

6　旧松阪市以外の地域における競争性

合併後の平成17年度以降の工種別平均落札率の推移は、図表2-6のとおりである。これによれば、合併を機に、1500万円以上の工事は、旧一志郡2町および旧飯南郡2町の地域の工事を含め、市内一円を地域とする一般競争入札が行われるようになったため、競争性が著しく高まり、平均落札率は最低制限価格（85％）の水準付近を推移している。

また、旧一志郡2町および旧飯南郡2町の地域の1500万円未満の工事についても、一部工事を除き、85％近辺で推移している。これは合併前には旧4町はそれぞれの地域で指名競争入札を実施していたのを、合併を機に、旧一志郡と旧飯南郡の地域を一つの地域として一般競争入

113

札を行ったことが「談合のかく乱要因」となり、競争性が著しく高まった結果と見られる。

　仮に旧4町が合併前の入札方式を維持していれば、域内の業者数が少数で競争性が確保されなかった可能性が高い。

　ただし、平成19年度の旧飯南郡の水道本管工事の平均落札率は91.40％と、平成17年度・18年度よりも5ポイント程度急上昇している。

図表2－6　合併後の業種別平均落札率の推移

(単位：％)

年度	地域	土木一式	管	水道本管	水道給水	合計
平成17年度	本庁	85.28	—	85.05	85.06	85.25
	一志	85.31	87.66	85.15	—	85.34
	飯南	85.55	85.07	85.52	—	85.46
18年度	本庁	85.43	85.07	85.43	85.06	85.42
	一志	85.66	85.20	85.71	—	85.63
	飯南	86.37	—	86.14	—	86.34
19年度	本庁	85.70	85.27	86.70	85.10	85.90
	一志	86.57	85.25	85.75	—	86.30
	飯南	86.01	85.07	91.40	—	86.32

出所：松阪市「落札率（方式別集計）」
注：「本庁」には1500万円以上の工事のすべておよび旧松阪市の1500万円未満の工事が、また「一志」には旧一志郡2町における1500万円未満の工事が、「飯南」には旧飯南郡2町における1500万円未満の工事が、それぞれ含まれる

　この原因は定かではないが、半数程度の工事において談合が行われている可能性が高い。その根拠は、松阪市の場合、談合が蔓延していた頃の平均落札率の水準は、前記のとおり97％程度で、談合がない状態での落札率は最低制限価格である85％程度になることがわかっている。旧飯南郡の「91.40％」という平均落札率はその中間に位置することから、発注物件の半数程度に談合が存在する状態と言えるのである。

　このように旧飯南郡の水道本管工事については、必ずしも競争性が確保されていないことから、松阪市は、管・水道本管工事について、平成20年度以降、全市一円を地域とする条件付き一般競争入札の対象にす

ることとした。

　なお、旧一志郡と旧飯南郡の地域の1500万円未満の土木一式工事については、前述のとおり、合併協議会では「3年後、一般競争入札を導入する」と約束されていた。しかし、平均落札率を見る限り競争性が確保されていること、災害復旧工事に関連することなどを理由に例外扱いを継続することとされた。

　今後、同工事についても落札率が急上昇するなどの「症状」が見られた場合には、「例外扱い」を見直す必要があろう。

　以上のとおり、松阪市は合併を機に入札改革の地域を拡げることに成功したが、それは、小規模工事について、一気に入札改革を迫らず、3年間の猶予期間を与えたことおよび発注地域を旧4町から2地域に集約したことによる。

人口3万人の自治体でも入札改革が可能なことを示した静岡県吉田町

1 小規模自治体の挑戦

　人口3万人弱の小規模自治体である吉田町は、平成15年から入札改革に取り組み成功を収めている。これは、「入札改革は、業者数の多い中規模以上の自治体のやることであって、小規模自治体には関係のないことだ」と諦めている自治体が少なくない中で、注目すべきことである。

　以下では、吉田町がどのような方法で入札改革に成功したのかを検証する。

2 どのような手順で改革が行われたか

　同町の入札改革は、元自衛官の田村典彦氏が平成15年4月に行われた吉田町の町長選挙に出馬し、マニフェストに「入札改革の断行」を挙げたことに由来する。

　当選した田村町長は、平成15年7月、庁内に「入札・契約制度検討委員会」を立ち上げ、抽選という偶然性を取り入れた入札方式をベースとした制度改革に取り組むことを指示した。同委員会は、客観的透明性の確保と公正な競争を促進するための入札・契約制度にするためには、①指名業者の選定過程で発注者側の恣意が入り込む余地が全くない、②談合を行うことが極めて難しい、③町民が町の公共工事の発注は透明であると実感できる、④談合情報が寄せられることがない、⑤業者の入札参加機会が拡大し、かつ、公平になる、の5点が確保される必要があり、そのためには「抽選型指名競争入札制度」を導入すべき旨を提言した。

　同制度は、平成15年10月入札分から導入され、一部修正を経て、現在に至っている。

3 当初の抽選型指名競争入札の仕組み

　対象工事は、設計金額5000万円未満の土木工事および水道施設工事で、参加事業者は、町内に事業所を有し、技術者・経営審査事項結果通知書

の総合評点を有する事業者とされた。

　入札方式は、登録事業者（34業者）の中から第1次抽選会で指名候補者を10社選定し、さらに第2次抽選会で入札参加者5社を選定し、これら5社が入札して落札者を決定する方式であった。

④ 実際の入札状況と業者の反応

　平成15年10月8日に実施された第1次抽選会には34業者全員が参加した。しかし、同月21日に実施された第2次抽選会には、このうち30業者が直前に辞退届を提出し、参加しなかった。このため、抽選会を省き、同日と翌10月22日、残る4業者のみで入札を行い、9件の工事を3社が落札した（1件は不調）。平均落札率は91.08％であった。

　辞退届を提出した30業者は、「くじで社運を決めるようなギャンブル入札は納得できない」として入札をボイコットした。しかし、その後、これら業者は、①予定価格を事前に公表すること、②最低制限価格を設定すること、③辞退届を提出した業者を入札から排除しないことを町当局に要求し、その後、この条件が受け入れられたとして辞退届を撤回した。

　平成15年11月26日に行われた入札では、32社が参加し22件の入札すべてについて落札者が決定された。平均落札率は86.16％であった。

　その後、同町では、入札できる業者数を増やし、より競争原理が働きやすい環境をつくることをねらいとして、抽選方法を平成16年5月1日入札分から、第1次抽選会において15社を選定、第2次抽選会において10社を選定し、これら10社が入札して落札者を決定する方式に変更した（図表2－7参照）。

　なお、当初入札をボイコットした30業者は、その後入札には参加しているが、抽選型指名競争入札を批判する内容のチラシを日刊紙に折り込むなどその後も抗議行動を続けている業者もいる。

図表2-7 抽選型指名競争入札制度の導入

◆適用対象：設計金額200万以上5,000万円未満の土木一式工事および水道施設工事
　（特殊な技術や工法などを要する工事は除く）
◆参加業者：町内に事業所を有し、営業許可、技術者、経営事項審査結果通知書の
　総合評点を有する業者で、抽選型指名競争入札参加申請を行って名簿に登録され
　た業者
◆入札方式：入札参加者を2回のくじで選定（偶然性の活用）

（指名候補者抽選会）　（入札参加者抽選会）

出所：吉田町資料を基に筆者作成

5 抽選型指名競争入札の効果

　同町では、抽選型指名競争入札の効果として次の4点を挙げている。

①業者選定過程で発注者側の恣意性の入る余地がなくなった。
②実際に業者間競争が行われていることを実感できるようになった。
③入札談合情報等が寄せられることがなくなった。
④抽選型指名競争入札導入によって、図表2-8のとおり落札率が大き
　く低下した。

6 抽選型指名競争入札の課題

　同町では、抽選型指名競争入札の課題として次の4点を挙げている。

①施工管理能力が低い業者が受注した場合には、監督員の業務が増加し
　た。
②規模の比較的大きい業者の不満が大きく、行政の意向を浸透させるこ
　とが難しくなった。

③業界の結束が弱くなり、清掃などの組織的ボランティアをしなくなった。

④入札を実施するまでの事務量が増加した。

図表２－８　土木一式・水道施設工事の落札率の推移

年度	指名競争入札	抽選型指名競争入札	平均
平成 11	98.54%	－	98.54%
12	99.00	－	99.00
13	99.37	－	99.37
14	99.32	－	99.32
15	98.61	87.14%	89.91
16	100.00	83.92	85.89
17	96.82	86.30	88.50
18	94.27	84.23	85.38
19	（廃止）	86.06	86.06

出所：吉田町資料

7　建築工事等の入札の状況

　同町では、土木一式工事および水道施設工事については、町内に業者が34社存在しており、競争入札を行い得る環境が整っていると判断し、抽選型指名競争入札を採用した。また、建築工事等については、町内に業者がほとんど存在しないため抽選型指名競争入札の対象外とし、１億円以上の工事については条件付き一般競争入札、１億円未満の工事については通常型指名競争入札を採用してきた。

　しかし、入札改革が進展している現状を踏まえて、平成19年６月20日から、これらの工事について従来型指名競争入札を廃止し、条件付き一般競争入札に全面的に移行している。

8

人口3万人足らずの小規模自治体がなぜ入札改革に成功したか

小規模自治体である吉田町が入札改革に成功した要因は、以下の3点に整理できる。

第1は、選挙で建設業界の支援を全く受けずに当選した田村町長の強いリーダーシップの下に入札改革が実行されたことである。

納税者の利益を保護する立場から行われる入札改革は、当然のことながら受注業者の利益にはならないことが多く、したがって、入札改革には受注業者の強い反対が予想される。受注業者の支援を受けて当選した首長が入札改革の実行をためらうのはこのためである。前述のとおり、田村町長は選挙のマニフェストに「入札改革の断行」をうたって当選し、選挙民（納税者）の支持を背景として、入札改革に強気で取り組むことができた。

第2は、町内業者の中にも従来の古い秩序（談合体質）に辟易（へきえき）していた業者が4社存在し、それらが抽選型指名競争入札の導入を契機に「改革派」に成長し、古い秩序を打ち破る役割を果たしたことである。町内の業者全員がこぞって入札をボイコットしていたら、事情は変わっていた可能性がある。

第3は、町内の業者だけでは競争が成り立たないと考えられる建築工事等については、積極的に町外の業者を入札に参加させたことである。こうした町の強い姿勢が、ボイコット業者らに「このままボイコットを続けると、土木一式工事や水道施設工事についても町外業者に仕事を取られてしまうのではないか」との危機感を抱かせ、ボイコットを撤回させる要因になったと考えられる。

9 抽選型指名競争入札の「課題」の克服策

前述のとおり、同町は、抽選型指名競争入札の課題としていくつかの点を挙げているが、これらは入札改革を行う自治体が共通して抱える課題でもある。これらの課題をどうしたら克服できるかを考えてみたい。

① 監督員の業務増加

　入札改革を行うと、従来下請業者であった者が元請業者として入札に参加する可能性がある。これら業者は元請の経験がないから、監督員がサポートする機会が増え、いきおい監督員の業務量は増えることになる。

　指名競争入札の時代には、信用のおける業者を指名してその中から受注業者を選ぶ仕組みであったから、厳しい検査をすると業者から「自分を信用してくれていないのか」と苦情が出るおそれがあり、また、発注者としても、監督や検査の手間を省けたほうが好都合であるから、工事の監督や検査を元請業者に任せてきた経緯がある。

　しかし、一定の能力があれば誰でも入札に参加できる仕組みに変わった入札改革後はそうはいかない。というよりも、従来のやり方に問題があったといえるであろう。

　すなわち、建設請負工事の場合、その品質は発注者が指定することになっており、工事品質はいわば「与件」になっている。したがって、発注者が、当初指定した品質が確保されているかどうかを工事の途中や引き渡し時に検査するのは当然で、工事品質の確保は「発注者の責務」なのである。

② 業界の結束が弱くなったこと

　入札改革を実行した自治体では、建設業者団体の組織率が低下する傾向にあるといわれる。その理由を聞くと、団体構成員の間で「談合をしなくなった団体に入会しているメリットはない」として退会するケースが増えたためだという。団体の存在意義が「談合をする」ということだけであったならば、その団体はもともと存在意義が乏しかったといえる。

　指名競争入札時代の行政機関（発注者）と団体（受注業者）との関係は、行政機関がその方針や意向の伝達を専ら業者団体を通じて行うなど、業者団体を準行政機関のように位置付け、また、行政機関が工事等の発注を通じて受注者に利益を与える見返りに、業者団体が災害時の緊急工事や清掃等のボランティアの担い手になるという関係にあったといえる。

　しかし、入札改革によってそのような関係が断ち切られると、業者団

体の結束力が弱まることでこれを通じた行政意向の伝達ができなくなり、また、業者団体に依存していた災害時の緊急工事や清掃等のボランティアの担い手が見つからないという事態になったというわけである。

インターネット時代の現在では、行政機関がその意向を直接個々の業者に対し同時かつ瞬時に伝えることが可能になったので、必ずしも業者団体経由で意向を伝える必要はなくなっている。

また、災害時の緊急工事等の対応については、行政機関が希望する業者を広く募り、応募してきた業者の中から契約相手を見つけるという仕組みにすればよく、横須賀市などはすでにこの方式を採用している。

③　発注に係る事務量の増加

抽選型指名競争入札は、指名競争入札を維持しつつ恣意性を排除する方法として採用されたものである。同町が指名競争入札にこだわる理由は、一般競争入札にすると、業者に入札をボイコットされ入札が成り立たなくなるおそれがあったためと推測される。

しかし、抽選型指名競争入札は、ボイコット業者の指摘するような問題点（くじで社運を決める）があることも事実なので、あくまでも過渡的な方法であると捉え、早急に一般競争入札に移行する必要がある。

一般競争入札に移行する場合、業者の資格審査を入札後に行う「事後審査方式」および入札書を郵送する郵便入札方式（将来的には電子入札）を採用すれば事務量は大幅に削減されるはずである。また、そのほうが、業者が全入札物件について見積りを作成する手間や入札に立会う必要もなくなり、その分の事務量も削減されるはずである。

4 簡易型・総合評価方式により地元業者保護を実現することに成功した長野県

1 簡易型・総合評価方式の運用の中で

　長野県は、平成17年1月から簡易型・総合評価方式を採用し、全国の自治体の中でも実施件数が飛び抜けて多い。

　そこで、同県建設部建設政策課技術管理室長の報告（宮原宣明「長野県における総合評価落札方式の取り組みについて」、以降「宮原報告」という）に基づき、同県の簡易型・総合評価方式の運用において、地元業者の保護・育成がどのように図られているかを検討する。

2 簡易型・総合評価方式の多用

　長野県では、平成22年度において、2,421件の建設工事を発注したが、そのうち28.4％に相当する687件について簡易型・総合評価方式を採用した。また、平成23年度においても2,173件のうち28.3％に相当する615件で簡易型・総合評価方式を採用した。つまり、同県は、毎年度、総発注件数の3割近くを簡易型・総合評価方式で発注していることになる。

　総合評価方式を採用すると発注者の事務コストが増大するという問題があるが、それにもかかわらず、同県がこのように多数の案件を同方式により発注できる理由は、同県が電子入札で処理できるよう、発注者の事務コストをとりわけ増大させる「技術提案評価型」ではなく、コンピューター処理に適した「簡易型」を中心に総合評価方式を運用しているからである。

　例えば、平成22年度に同県が行った総合評価方式による入札総件数687件のうち「技術提案評価型」は7件に過ぎず、残りの680件は「簡易型」で、また、平成23年度についても615件のうち605件が「簡易型」であった。

③ 「工事成績」を評価項目に採用

　同県の簡易型・総合評価方式の運用で特記すべきことは、第1に非価格要素点（予定価格8000万円未満の場合、100点のうち、4.5点〜19.0点を配点）のうち、とりわけ数値化し易い「工事成績」に［3.0点〜7.0点］を配点し、「いい仕事をする業者が報われる仕組み」を取り入れていることである。その結果、工事成績が80点以上の業者が落札件数全体の75.2％を、75点以上80点未満の業者が同23.5％を占めるようになり、反対に、75点未満の業者が落札できたのはわずか1.3％になった。また、平成23年度の総合評価方式の工事成績は［82.0点］で、これは受注希望型の［78.1点］および参加希望型の［75.3点］よりも高くなったという。このことは、「いい仕事をする業者が報われる仕組み」を取り入れた結果、入札参加者らに「いい仕事をしないと落札することが難しい」との意識を植え付けることに成功したことを意味し、注目される。

④ 「地域要件」を評価項目に採用

　特記すべき第2は、「地域要件」として、「工事箇所と同一市町村内」に所在する業者に［2.0点（対象市町村以外は0.5〜1.0点）］を、「鋼橋等で県内に製作工場を有する者」に［1.5点］を、「地方事務所管内」を入札参加資格要件とする場合は予定価格にかかわらず「同一市町村内」に所在する業者に［1.0点］を、それぞれ加点することで、地域に精通する地元業者を評価していることである。

　その結果、応札者全体の37.0％に過ぎない「工事箇所と同一市町村内」に所在する業者が落札件数全体の68.8％を占めるようになったという。

⑤ 長野県の総合評価方式の特徴

　以上の結果を見て、価格第1順位の者が落札できない「逆転現象」が多数起きているであろうことが推察される。そして、この「逆転現象」によって「結果として落札価格が引き上がり、その分、税金がムダに使

われたのではないか」という批判が出ることが予想される。

　宮原報告によれば、同県では、平成23年度に総合評価方式の「工事成績等簡易型」で発注された605件のうち半数近くの［290件（47.9％）］で「逆転現象」が起きている。これは、同県の失格基準価格が予定価格を基準に設定されているため、応札価格が失格基準価格付近に集中することによるものと思われる。この場合、「くじ引き」が多発するが、同県はこれを簡易型・総合評価方式を採用することにより防いでいると解釈することもでき、この点が同県の簡易型・総合評価方式の最大の特徴といえる。

　そして、このように「逆転現象」が多いにもかかわらず、平均落札率は［88.8％］で、価格第1順位が落札した場合の平均落札率（86.7％）よりも［2.1ポイント高］になる程度であるという。

　このように長野県の簡易型・総合評価方式は、第1に電子入札を活用することで行政コストを抑え、第2に非価格要素点のうち「工事成績点数」の比重を高くして、「3つの理念」（102頁参照）の「いい仕事をする業者が報われる入札制度」にし、第3に非価格要素点として「工事箇所と同一市町村内」に所在する業者に加点するなど、地元業者の保護・育成に役立つような仕組みを取り入れ、「5つの柱」（103頁参照）の「競争性の確保と受注機会の確保との両立」を実現させており、理想に近い形で運用されているように思われる。

「総合評価方式」の非価格点の評価で苦情が発生したＴ環境衛生組合のケース

1 事案の概要

　神奈川県のＴ環境衛生組合は、平成21年９月、クリーンセンター建設工事を高度技術提案型・総合評価方式により発注した。入札には３社が参加し、図表２−９のとおり、89億9000万円で入札したＡ社が非価格点を含めた総合点トップとなり落札した。

　それに対し86億3000万円で入札した２位のＣ社が、非価格点の評価に問題があるとし２度にわたる苦情申立てを行った。最終的に苦情は却下されＡ社が落札したが、この間、多大な行政コストが発生した。

　この入札では、あらかじめ、「価格点40点・非価格点60点」に設定されており、表のとおり、価格点「37.8点」で第３位のＡ社が非価格点「43.7点」で第１位となり、落札者になった。Ｃ社は、価格点「39.4

図表２−９　クリーンセンター建設工事総合評価方式入札結果

予定価格（税抜き）	9,224,090,000円	
低入札価格調査基準価格（税抜き）	7,840,476,500円	
社名	価格点	
	入札金額（円）	（40点満点）
Ｂ社	8,496,000,000	40.0
Ｃ社	8,630,000,000	39.4
Ａ社	8,990,000,000	37.8

社名	非価格要素点（60点満点）	価格点（40点満点）	総合評価点
Ａ社	43.7	37.8	81.5
Ｃ社	41.9	39.4	81.3
Ｂ社	40.7	40.0	80.7

出所：Ｔ・Ｉ市環境衛生組合クリーンセンター施設検討委員会「Ｔ・Ｉ市環境衛生組合クリーンセンター施設検討結果報告書」（平成21年12月）23頁を基に筆者作成

点」でA社を「1.6点」上回ったが、非価格点は「41.9点」でA社より「1.8点」低く、結局「0.2点」の僅差で敗れた。

②　苦情の概要

　苦情申立ての主旨は非価格要素の評価結果に対する疑問である。なお、本件入札の非価格点の評価結果は、図表2－10のとおりである。

　C社が着目したのは、非価格点のうち「④安定稼働性」の「安定稼働の実績」である。この要素に対する配点は「5点」で、A社の評価は満点であったが、C社のそれは「0.7点」と極めて低く、その差は「4.3点」にのぼった。客観的に見ても、両社はいずれもごみ処理業界の主要メーカーであり「安定稼働の実績」でこれほどの差が付くとは考えられない。そこでC社は、この評価結果が見直されれば上記「0.2点」の差は逆転し、落札者になる可能性が十分あると考えて、苦情申立てに及んだものと推測される。

　C社は、平成21年10月、おおむね、以下の理由により、T環境衛生組合に苦情を申し立てた。

①　応募要領に、当初、1炉規模が「150t/日」と記載されていたが、質疑応答で「原則として50t以上150t/日未満の実績を提出していただく」に改められた。当社は改定後の基準に基づいて算定したデータを提出したが、A社は当初の基準で算定したデータを提出した可能性があり、「安定稼働の実績」については提案の前提を欠いている。

②　A社が提出したデータはごみ処理施設建設の常識では実現不可能なほど良好な値で、この値を実現するためには何らかの人為的細工が必要である。

③　よって、「安定稼働の実績」の評価を総合評価において用いることは不適当であり、本件評価結果は理由がない。

図表2−10 環境衛生組合発注クリーンセンター建設工事総合評価非価格要素の項目別配点および各社別評価結果

評価項目		評価方法	配点	採点		
				A社	B社	C社
①防災性	通常の安全対策	定性	8	4.8	4.1	5.5
	非常時の安全対策	定性	7	4.2	3.8	4.5
②労働安全性	作業環境	定性	5	3.4	3.1	3.3
	作業動線計画	定性	5	3.2	2.9	3.1
③ごみ量変動への対応性	ごみ量変動への対応性	定量	4	4.0	4.0	4.0
④安定稼働性	安定運転実績	定性	7	4.9	4.7	4.2
	安定稼働の実績	定量	5	5.0	1.6	0.7
⑤維持管理性	補修性	定性	4	2.5	2.3	2.3
⑥信頼性	建設実績	定量	7	1.8	3.5	7.0
⑦地球環境保全性	二酸化炭素発生量	定量	5	5.0	4.7	4.6
⑧情報の公開性	見学者動線	定性	4	2.6	2.3	2.4
⑨周辺への安全対策	工事中及び供用開始後の対策	定性	4	2.6	2.2	2.3
⑩景観保全性	建築物のデザイン	定性	5	3.9	3.6	2.7
⑪ごみエネルギーの有効利用性	熱回収量	定量	4	4.0	3.8	3.8
⑫熱回収性	余剰電力	定量	6	5.9	5.5	5.0
⑬物質回収性	スラグ等回収資源量	定量	4	-	-	-
⑭最終処分量	埋立処分物排出量	定量	4	4.0	3.9	3.1
⑮経済性	補修費等	定量	4	3.7	3.9	4.0
	用役費	定量	4	3.4	3.9	4.0
	運転人員数	定量	4	4.0	4.0	3.3
得点の合計				72.9	67.8	69.8
非価格要素点の合計 60点×（得点合計／相対評価項目満点の合計				43.7	40.7	41.9

出所：T・I市環境衛生組合クリーンセンター施設検討委員会「T・I市環境衛生組合クリーンセンター施設検証結果報告書」22頁

　これに対しT環境衛生組合は、平成21年10月29日付けで、①応募要領および質疑に対する回答で表現が一定しなかったが、この表現の食い違いが応募会社に対して行った「申し込みの誘引」に係る意思表示を無効にさせるだけの要素の錯誤があったとは考えていない、②A社は、企業の良心に従って提出したものであるので、数値の真偽に疑念を差し挟むべき合理的理由を見出せない、③よってA社を落札者とする結論は変更しない旨回答した。

　C社は、この回答に納得せず、平成22年1月、①「安定稼働の実績」の評価項目について、入札参加者が提出したデータについて、入札参加者に何ら確認しないままで評価を行ったことに不服がある、②「安定稼働の実績」に関する評価において、ごみ処理業界の常識においてあり得ない数値を、何ら検証もなく鵜呑みにしてこれを採点し、その結果3億6000万円も高額な金額を提示したA社を落札者とするのは著しく不適正である、③作為的なデータに基づくものでないかを検証すべきであるとの理由で再苦情申立書を提出した。

　再苦情を受けてT環境衛生組合は、「A社から提出されたデータが、C社が指摘するような人為的な方法で数値が作られたものでないことを確認するため」、A社に「見解と資料の提出を求め、さらに、提出された見解について、財団法人日本環境衛生センターに確認を依頼したところ、A社が提出したデータは恣意的なものではなく、また、通常の運営状態において実現不可能な数値ではないとの見解を得た」として、平成22年2月26日、環境衛生組合議会にA社との工事契約締結案を提出し、この議案は可決された。

　なお、C社がこの件について訴訟を提起したとの情報が流れたが、その事実はない。

③ 「高度技術提案型・総合評価方式」の問題点

　本ケースで明らかになった問題は大きく次の2点である。すなわち、第1は「高度技術提案型・総合評価方式」は恣意性が入り込む余地が大きく、それゆえ苦情や紛争が発生し易い入札制度であること、第2は入

札参加者間で「情報格差」があると公平・公正な入札の実現が困難になることである。

① 高度技術提案型・総合評価方式の問題点

　総合評価方式には大きく分けて「標準型」と「簡易型」があり、恣意性の入り込む余地が大きいのは標準型の「高度技術提案型・総合評価方式」である。この方式は、次の４つの側面で恣意性が入り込む余地がある。すなわち、(i)価格点・非価格点の配点をどうするか、(ii)非価格要素の項目をどう選定するか、(iii)項目ごとの配点をどうするか、(iv)入札参加者から提出されたデータをどう評価するかの４つの側面である。

　本ケースは、(i)価格点と非価格点を「40対60」の比率にしており、この配点からとりわけ非価格要素を重視する姿勢が見てとれること、(ii)非価格要素として15項目を選定しているが、選定根拠が明確ではないこと、(iii)15項目ごとに評価点が付けられているが、配点根拠が明確ではないこと、(iv)各入札参加者の評価点が与えられているが、配点根拠が明確ではなく、とりわけ前表中「安定稼働性」の「安定稼働の実績」および「信頼性」において、Ａ社とＣ社の評価点に大きな差が生じていることなどの問題点が指摘できる。

　Ｃ社は、「④安定稼働性」のうち「安定稼働の実績」について、Ｃ社の評価がＡ社と「4.3点」もの差が生ずるのは業界の常識ではあり得ないと主張した。しかし、仮に、Ｃ社の主張が認められて同社が落札者となった場合、今度は、Ａ社が「信頼性」でＣ社と「5.2点」もの差が付くのは業界の常識ではあり得ないとして、苦情申立てをする可能性もあった（このことに気づいたＣ社が訴訟提起を断念した可能性がある）。

　このように「高度技術提案型・総合評価方式」は、恣意性が入り込み易いがゆえに、後で苦情や紛争、「出来レースではなかったのか」という疑念を生み易く、行政コストを肥大化させるなど問題が多い制度である。

　この弊害に着目した松阪市や立川市は、ごみ処理施設建設工事の入札において国が推奨する「高度技術提案型・総合評価方式」の不採用を決めたのである（松阪市については189頁、立川市については197頁参照）。

②　入札参加者間の「情報格差」の存在

　C社の苦情申立て内容を見れば、応募要領の解釈について、C社とA社との間に「情報格差」があったことが苦情申立ての原因の1つであったことは間違いない。

　応募要領には、当初、1炉規模が「150t/日」と記載されていたが、質疑応答を経て「原則として50t以上150t/日未満の実績を提出していただく」に改められた。これを受けてC社は、質疑応答後の基準に改められたと理解し、この基準に基づいて算定したデータを提出した。しかし、A社は、C社と同様の理解はせず、当初の基準に基づいて算出したデータを提出した。つまり、C社とA社の間に「情報格差」が存在した可能性が高いのである。

　入札参加者間に「情報格差」が存在すると、公平・公正な入札が実現できない。本ケースでは、応募要領等に対する入札参加者の質問に対し、発注者が曖昧な回答をしたことで「情報格差」を発生させ、これが原因で「入札の公平・公正性」が損なわれた可能性がある。

③事業者提出データの検証不足

　C社が、前記再苦情申立書において「「安定稼働の実績」に関する評価において、ごみ処理業界の常識においてあり得ない数値を、何ら検証もなく鵜呑みにしてこれを採点し（た）」と批判しているが、同様なことは「⑥信頼性　建設実績」についてもいえることである。「高度技術提案型・総合評価方式」で入札参加者から提出されたデータ・資料について、発注者は、それを「鵜呑み」にするのではなく、その正確性を検証したうえで評価する必要がある。本件入札では、それが不十分であったためトラブルが発生したように思われる。

6 技術提案評価型・総合評価方式の「技術提案書」を職員が代筆したＨ森林監督署のケース

1 森林整備事業の入札

　平成23年8月、林野庁Ｈ森林管理署（以降「Ｈ署」という）が発注した国有林の森林整備事業の入札に関して、同署に在籍していた職員が加重収賄容疑でＨ県警に逮捕された。そこで、同月、近畿中国森林管理局（Ｈ署の上部組織。以降「管理局」という）は、Ｈ署の職員に対する聞取り調査、管理局全職員を対象とする書面調査を実施したほか、外部委員を含む「Ｈ署事案原因究明委員会」を設置し、当該事案が発生した背景や原因についての分析と今後の再発防止策を検討し、平成24年2月、「Ｈ署事案原因究明委員会報告書」（以降「報告書」という）を取りまとめた。

　この報告書に基づき、以下、本件の経緯、概要、原因等を検討する。

2 事件の経緯

　平成22年4月に管理局に匿名の電話があり、Ｈ署およびその下部組織である森林事務所の幹部や職員が、長年、木材業者Ａ社社長の接待を受けて飲食をしているとの情報提供があった。管理局は、直ちに、Ｈ署の署長に電話し、情報の真偽を確かめるよう依頼した。Ｈ署の署長が署内の管理職等に事情聴取をしたところ、森林官2名に飲食の実態があったが、その他にはなかったので、その旨管理局に対し報告をした。その後、管理局職員が、直接Ｈ署に赴き関係者から事情聴取をしたが、結果はＨ署長の報告どおりであった。

　しかしながら、平成23年8月、Ｈ署に在籍していた職員が加重収賄容疑、Ａ社社長が贈賄容疑で、それぞれＨ県警に逮捕された。その後、9月と10月にも各1名の職員が加重収賄容疑で逮捕された。

　平成24年2月、逮捕された計3名の職員に対し懲役2年～2年6月・執行猶予各4年、Ａ社社長に懲役3年・執行猶予5年の有罪判決が

それぞれ言い渡された。平成24年11月、管理局は有罪判決を受けた職員３名を懲戒免職処分にした。

③　事件の概要

　A社は、随意契約により事業が発注されていた時代から、受注した仕事はしっかりと対応することでH署職員の信頼を確保する一方、職員に飲食接待を行うことで職員との不適切な関係を形成して、業者が作成し提出すべき事業完了届等の書類を自ら作成せずに、職員に代行させたり、予定価格等の入札に関する情報の教示を求めるなどの働きかけを行ってきた（報告書24頁）。

　H署に形成された特定の業者に甘い組織風土の下で、A社社長は、新たにH署に赴任してきた職員に対しても飲食の誘いを行ってきたが、誘い方が巧妙で、しかも執拗であったことから、職員が新たにA社社長からの誘いに応じてしまい、不適切な関係が維持・継続されるような状況に至り、A社社長と職員との不適切な関係を断ち切ることができなかった（同25頁）。

　また、H署職員は、技術提案評価型・総合評価方式のために必要な「技術提案書」を、A社に代わって作成する、（同29頁）本来秘密が厳守されるべき予定価格をA社社長に教示する（同30頁）などの行為を行った。

④　再発防止措置の概要

　再発防止に向け、管理局は次の措置を講じた。

①職員および組織の公務員倫理、発注者綱紀保持等に関するコンプライアンスの強化を図る。
②森林管理署の業務の適正化を図るための業務手続等の見直しを図る。例えば、総合評価方式の提出書類の作成等に関して、再度事業体に対して説明会を開催し、制度の趣旨、手続等について周知を徹底する。また、予定価格の決裁者や積算資料等の利用者を限定する。

③森林管理署等における入札・契約業務等に対する管理局の指導・監督の強化を図る。

5 不祥事発生の原因と再発防止策

　報告書は、本件は、「H署に形成された特定の業者に甘い組織風土の下で、A社社長は、新たにH署に赴任してきた職員に対しても飲食の誘いを行ってきたが、誘い方が巧妙で、しかも執拗であったことから、新たな職員がA社社長からの誘いに応じてしまい、不適切な関係が維持・継続」されたとし、専ら、契約担当者に対する供応のケースであると認定している。しかし、報告書は、同時に、技術提案評価型・総合評価方式のために必要な「技術提案書」をA社に代わってH署の職員が作成したことにも触れており、筆者は、この記述から、「本件は、技術提案評価型・総合評価方式という『システム』およびその運用方法に問題があった」と考えている。

　すなわち、管理局の技術提案評価型・総合評価方式の「技術提案書作成要領」によれば、施工実績、表彰実績など業者でも簡単に書けるような事項のほかに、「施工計画」として「施工計画上の考慮事項（実施手順、安全管理等）」を記載する必要があるが、この項目については「当該工事の施工手順、安全管理等を記載する」との説明があるだけであり、入札参加者はどのように書けば高い評価を受けるのかがわからず、不安になると考えられる。つまり、「施工計画上の考慮事項」という技術提案評価型・総合評価方式の評価項目は、抽象的なだけに裁量の幅が広く、発注者側がいかようにも判断できるようになっているのである。

　本件の場合、A社社長は、「技術提案書の評価を行う側の職員に書いてもらえば、最も効果的だ」と考えて付き合いの深いH署の職員にこれを書いてもらったと推測される。仮に、A社が、技術提案書の評価を行ったことがある林野庁OBを雇えるような規模の大きな会社であったならば、このようなことを頼まずに済んだのかもしれない。その意味で、入札手続に新たな裁量を取り入れる技術提案評価型・総合評価方式は、指名競争入札に代わる新たな「天下り」を促す仕組みであり、同時に、

規模の大きな会社に有利で、中小業者に厳しい仕組みであるといえる。

　以上の検討によれば、再発防止策は報告書にある、技術提案評価型・総合評価方式に関して「提出書類の作成等に関して、再度事業体に対して説明会を開催し、制度の趣旨・手続等について周知徹底する」程度では足りず、技術提案評価型・総合評価方式の問題点も指摘する必要があるのではないか。

　また、職員が予定価格を漏えいした件についても、報告書は、再発防止策として、予定価格の決裁者や積算資料等の利用者の限定を指摘するのみであるが、予定価格を秘密にしているからこのような不祥事が起こるのであって、予定価格が事前に公表されていれば、このような不祥事は未然に防止できた。すなわち、職員による予定価格の漏えいを防止する根本的な対策は「予定価格の事前公表」であると考えられる。

7 地元の有力業者の求めに応じ秘密情報を教示していた国土交通省高知国道事務所のケース

1 事件の経緯

　公正取引委員会は、平成24年10月17日、国土交通省四国地方整備局土佐国道事務所、高知河川国道事務所および高知港湾・空港整備事務所が、それぞれ発注する特定一般土木工事について、受注価格の低落防止等を図るため、受注予定者を決定し、受注予定者が受注できるようにしていたとして、違反行為者に対し排除措置命令および課徴金納付命令を行った。

　土佐国道事務所および高知河川国道事務所（以降「高知国道事務所」という）の副所長ら10名が、遅くとも平成20年4月1日以降、これら事務所が発注する特定一般土木工事について、同県の代表的な建設業者であるM社、I社、T社の3社（以降「世話役3社」という）の求めに応じ、①入札参加業者の名称、②入札参加業者の評価点、③予定価格等の未公表情報（以降「秘密情報」という）を教示していた。

　公正取引委員会は、かかる行為は、官製談合防止法2条5項3号の入札談合等関与行為に該当するとして、国土交通大臣に対し、同法3条2項の規定に基づき、当該入札談合等関与行為の排除を確保するために必要な改善措置を速やかに講ずるよう求めた。

　この要請を受けて国土交通省は、学識経験者らを委員とする「高知県における入札談合事案に関する調査検討委員会」（以降「調査委員会」という）を設置するとともに、調査委員会の協力を得て、指摘された関係者からの事情聴取、四国地方整備局の入札契約事務担当職員のべ396名に対する事情聴取、高知県内の建設業者208社に対する談合の有無等に関する記名調査などを行った。

　その後、国土交通省は、平成25年3月14日、以上の調査結果を取りまとめた「高知県における入札談合事案に関する調査報告書」（以降「報告書」という）を発表するとともに、平成25年3月22日、前述の副

所長らのうち7名を懲戒免職処分、3名を6か月の停職処分にしたと発表した。

　以下では、報告書に基づいて、事件の概要、事件の原因、再発防止措置を検討する。

② 事件の概要

　世話役3社の代表格であるM社の社主（以降「M社主」という）は、遅くとも平成19年ごろ以降、高知国道事務所の副所長らから、①入札参加業者の名称、②入札参加業者の評価点、③予定価格・調査基準価格等の秘密情報を入手し、これを基に世話役3社が指名した者を受注予定者とする受注調整（以降「本件談合」という）が行われるようになった（報告書7頁）。

　高知国道事務所の副所長らは、いわゆるノンキャリア組で、「先輩のキャリアパスなどから、現在の役職を無難に全うすることが、本局幹部への昇進につながるとの認識があった」ため、そして、「（強いリーダーシップの持ち主である）M社主の要請を断って関係を悪化させたり、前任の非違行為を質したりすることで現場を荒立てて自分の評判を落としたり、既に本局幹部となった先輩との関係を悪化させたりするリスク」を冒したくなかったため、M社主の要請を断ることができなかった（同10頁）。

　そして、平成17年度から総合評価方式の試行が始まり、翌年度から本格的に導入されることになった。総合評価方式の施工能力については世話役3社でも予測し得たが、「工事ごとに評価される技術提案の評価点がわからない。このため、M社主は、各社の応札状況が不自然との印象を持たれないようにしつつ、業界内で技術力が低い会社にも仕事を割り付けるためには、正確な総合評価の点数が必要」と考えて、高知国道事務所の副所長の個室に赴き、入札参加業者の名称の情報を入手していた（同6頁）。

　また、「一部の業者は、（本件）談合に加わりながら落札予定者よりも低い価格で入札を行う（鉄砲を撃つ）ようなことがあったため、これら

一部業者が落札できないよう排除する必要が生じ」、M社主は、高知国
道事務所の副所長らから上記の調査基準価格を聞き出すことにした（同
7頁）。

3 再発防止措置の概要

　報告書で取り上げている再発防止措置は、次の7項目である。

第1　コンプライアンス推進の強化
- ・地方整備局ごとにコンプライアンス推進本部を設置
- ・コンプライアンス・アドバイザリー委員会の設置
- ・違法性の認識に関する研修の徹底
- ・意識改革に向けた取組み
- ・不当な働きかけに対する報告の徹底
- ・地方整備局幹部への任用前における適格性の厳正な評価

第2　入札契約手続の見直しと情報管理の徹底
- ・予定価格作成時の後倒し等情報管理の徹底
- ・総合評価方式における評価の厳正な運用
- ・情報管理の徹底

第3　ペナルティの強化
- ・談合業者のうち首謀者に対する違約金の引上げ
- ・誓約書の提出者に対する措置の強化

第4　再発防止策の実施状況および実効性の定期的検証
- ・コンプライアンス推進本部によるモニタリング等
- ・事務所ごとの応札状況の透明化、情報公開の強化
- ・抜き打ち本省特別監察の実施
- ・談合被疑案件に対する厳正な対応

第5　再就職の自粛要請
- ・談合に関与した企業等に国土交通省退職者の就職について自粛を
要請する。

第6　再発防止策の周知

第7　その他

　　・適正な競争環境を確保するなどの入札・契約制度の見直しを含む
　　建設生産システム全体の抜本的な見直しを進めていく。

4　不祥事発生の原因と再発防止策

　本件は、典型的な官製談合であり、不祥事を起こした組織に発生原因
がある典型的ケースである。

　高知国道事務所では、歴代の副所長らが業界対応の責任者を務めてお
り、その関係で副所長らは、本件談合の首謀者であったM社主らと日頃
から深い交流があった。強いリーダーシップを有するM社主の要請を
断って関係を悪化させたくないなどの思いから、その要請に応じて予定
価格等の秘密情報を漏らし、本件談合を助長していたものである。

　処分を受けた10名の副所長らは、いずれもいわゆるノンキャリア組
の「出世コース」に乗っており、この事件が起きなかったならば四国地
方整備局の幹部に昇進していたかもしれず、その意味で、「不運」であ
るとしか言いようがない。

　副所長らが、M社主の要請を「断る勇気」を持てなかった理由につい
て、断ると「現場を荒立てて自分の評判を落としたり、既に本局幹部と
なった先輩との関係を悪化させたりするリスク」があったからであると
されているが、高知国道事務所だけでなく四国地方整備局の幹部にも
「談合は必要悪」との認識があったのではないか。この事件を契機とし
て国土交通省職員全体が「談合は悪」との認識を共有する必要があると
いう意味で、地方整備局ごとにコンプライアンス推進本部を設置すると
いう再発防止措置は適切である。

　また、本件は、入札・契約制度に問題があったように思われる。

　報告書においても、再発防止措置として、「入札契約手続の見直しと
情報管理の徹底」として、①予定価格作成時の後倒し等情報管理の徹底、
②総合評価方式における評価の厳正な運用、③情報管理の徹底の3点を
挙げているが、いずれも根本的な解決策とはいえない。

　本件官製談合の類型は「秘密情報の漏えい」である。その意味で、報

告書では、「予定価格」という情報が本当に秘密にすべきものであったのかをまず検討すべきであったように思われる。

　別項で紹介した（189頁、197頁）松阪市や立川市のごみ処理施設建設工事の入札において、予定価格を事前に公表したものの談合が助長された形跡は全くない。つまり、予定価格は、メーカー希望小売価格のようなもので、発注者が決めた契約価格の上限額にすぎず、（談合がなければ）本来秘密にしておくべき性格のものでは全くない。

　談合の存在を前提とするならば別であるが、予定価格は入札前に公表するべきである。予定価格が事前に公表されていれば、本件のような不祥事は起こらなかったはずである。その意味で予定価格の事前公表は本件において最大の再発防止措置であると考えられる。

　また、副所長らは、技術提案評価型・総合評価方式の「調査基準価格」を漏らしていた。M社主が、なぜこの「調査基準価格」を知りたかったかについて報告書では、（「鉄砲を撃つ」ような）一部業者の落札を排除する必要が生じたためとある。つまり、技術提案評価型・総合評価方式の「調査基準価格」が、談合企業にとって不都合な「一部業者」を排除するための「実質的な最低制限価格」として機能していたことを物語っている。このような技術提案評価型・総合評価方式の運用も見直す必要がある。

　さらに、副所長らは「入札参加業者の名称」をも漏らしていた。このことは、誰が入札に参加するかが入札参加者にとって重要な情報になることを意味している。一般競争入札の良さは、誰が入札に参加するかがあらかじめわからないということが「談合のかく乱要因」となって談合がしにくいということである。

　しかし、国土交通省は、一般競争入札においてさえ、入札前に入札参加業者の資格審査を行うよう義務付けている。その結果として、このような不祥事が起きたということを認識し、今後は、入札参加資格を入札後に第一落札候補者に限定して行うようにしたらどうか。そうすれば、このような不祥事は二度と起こらないばかりか、発注事務コストを大幅に削減することもできる。

　このほかに、副所長らは、「入札参加業者の評価点」も漏らしていた。これは、総合評価の技術提案の評価を入札前に行っていたこと、「業界内で技術力が低い会社」も入札に参加するような小規模案件についても総合評価の対象にしていたことを示している。総合評価方式でも、長野県のように「工事成績点数」を重視した「簡易型」を電子入札で行えば、行政コストを増大させるという弊害は生じない。総合評価方式のうち、とりわけ、技術提案評価型は、行政コストを肥大化させるだけでなく、業者の入札コストを増大させるなどの弊害が少なくないので、このような小規模案件を同方式の対象にするべきではないと考えられる。

曖昧な発注仕様書がトラブルを引き起こした山形県Y市のケース

1 事案の概要

　Y市は、し尿処理場の運転管理業務を一般競争入札により発注し、K社が落札・契約をした。しばらく経って、K社の従業員と名乗る者からオンブズマンに対し、「発注仕様書には『運転管理業務は正社員で行うこと』と記載されている。しかし、自分は非正規職員であり、正社員ではない」との訴えがあった。

　Y市から対応を迫られたK社は、この従業員を含む非正規職員全員を「雇用期間の定めのない従業員」に改めた。

2 入札に至る経緯と結果

　Y市は、それまで、し尿処理場の運転管理業務を、この施設を建設した会社の系列会社であるK社に特命随意契約で委託してきた。しかし、競争性を確保すべきとの意見が高まり、制限付き一般競争入札により発注することにした。その際、Y市は、発注仕様書に「運転管理業務は正社員で行うこと」と記載した。

　発注仕様書に対する質疑応答は特になく、入札にはK社とA社の2社が参加し、結局、最低価格で入札したK社が落札・契約した。

3 問題の所在

　Y市が、いかなる理由で発注仕様書に「運転管理業務は正社員で行うこと」と記載したのかは不明である。しかし、この「正社員」という表現が問題を発生させる原因となった。

　第1の問題は、訴えた従業員に誤解を与えたことである。すなわち、この従業員は、発注仕様書に「正社員」という表現が使われているのを発見し、「自分は、定年退職して非正規職員となり給与が半減したが、正社員に戻れるのであれば給料が上がるかもしれない」と考えて問題提起をしたものと推測される。結果的には、非正規職員全員が「雇用期間

142

の定めのない従業員」となり、雇用期間の定めはなくなったが、給与は上がらず、この従業員の望みはわずかしか叶えられなかった。

第2の問題は、「正社員」の解釈についてK社とA社との間に「情報格差」が存在した可能性があることである。すなわち、K社が「非正規職員であっても常雇いであれば良い」と解釈して非正規職員の賃金で見積もったのに対し、A社は「非正規職員は正社員ではない」と解釈して正社員の賃金で見積もり、競争上不利を被った可能性がある。

4　本件から得られる知見

本ケースは、「正社員」の概念について、Y市とK社ら入札参加者との間に、また、入札参加者であるK社とA社との間に、「情報格差」が存在したために生じたトラブルであると考えられる。

入札参加者間に「情報格差」が生じている場合には、公平・公正な入札は望み得ない。

本ケースは、「曖昧な発注仕様書はトラブルの原因となる」ことを教えてくれている。

「複数年契約」と「長期継続契約」を活用し、競争性を高め、行政コストの削減に成功した東京都立川市

9

1 「複数年契約」の積極活用

① 複数年契約の内容

　立川市は、平成17年度からエレベーター、エスカレーター、電気設備、冷暖房設備、コンピューター、電話交換設備等の保守点検や清掃業務など年間を通じて継続的に行われている業務の委託44件について、債務負担行為による契約期間36か月の「複数年契約」を実施した。その効果を整理したのが図表2-10である。

　図表2-10のとおり、同市が「複数年契約」を導入した効果は絶大で、平成16年度には「3.9社」であった入札参加者数が平成17年度には「8.2社」に増え、また、平成16年度には「96.8％」であった平均落札率は平成17年度には「80.3％」と大幅に低下した。「複数年契約」に移行した44件のうち、落札率が前年度よりも上昇したのは6件に過ぎず、残り38件は落札率が低下したという。

　「複数年契約」に移行したことにより発注規模が大きくなり、業者にとって魅力が増して競争性が増大した結果、平均落札率が大幅に低下するというメカニズムが働いたものと考えられる。

　また、同市は、これらの業務について、従来、年度ごとに契約を更改してきた。この場合、年度末の3月31日で契約期間が終了するが、4月1日以降も引き続き業務を行う必要があるため、前年度末に「年間・競争見積」と称する、実質的には入札と同様の手続きで発注していた。このため、毎年、年度末に発注事務が集中するという弊害があった。

図表2-10　平成17年度に「複数年契約」を導入した効果

	導入前（平成16年度）	導入後（平成17年度）
平均参加者数	3.9社	8.2社
平均落札率	96.8％	80.3％

出所：筆者作成

　そこで同市は、平成20年度から、複数年契約の締結に当たり、①初年度については、翌年度当初の３か月間（４〜６月）に限り、当該業務を担当してきた業者と特命随意契約を締結する、②その後、７月までに、契約期間36か月の「複数年契約」として一般競争入札により発注する方法によりこの弊害を除去しようとした。

　これにより、年度末の発注事務を減らすことができたほか、毎年行っていた発注事務が３年に１度で済むようになり、行政コストの削減効果もあった。

②　小規模案件を１件にまとめて「複数年契約」で発注

　立川市は、それまで４件に分けて特定業者と特命随意契約を締結していた市立保育園の警備業務委託について、平成17年度から１件にまとめ、しかも36か月の「複数年契約」として発注する方式に変更した。

　その結果、図表２−11のとおり、平成16年度までは、４件の警備業務委託について、Ａ社・Ｂ社・Ｃ社の３社とそれぞれ特命随意契約を締結しており、100％に近い落札率であったが、この４件を１件にまとめて36か月の「複数年契約」として発注したところ、Ｄ社が落札率32.2％で落札した。その結果、立川市は、従来の１年分弱の予算で３年間、全ての市立保育園の警備業務委託を行うことができるようになった。

　このケースは、小規模案件を別々に発注するよりも、これらを一まとめにし、さらに「複数年契約」にして発注規模を大きくすると、業者に

図表２−11　小規模案件をまとめて複数年契約をした例

物件名	平成16年度			平成17年度
	発注形態	委託先	契約金額（落札率）	
市立保育３園警備	１社特命	Ａ社	144.8万円（99.98％）	４件を一括して３年の複数年契約に移行。Ｄ社が567万円で落札（落札率32.2％）
市立保育警備	１社特命	Ｂ社	405.7万円（99.98％）	
市立Ｕ保育園警備	１社特命	Ｃ社	担当課発注	
市立Ｄ保育園警備	１社特命	Ｂ社	担当課発注	

出所：立川市「平成17年度複数年契約案件の契約状況（平成16年度・平成17年度比較）」

とって魅力が増すため、競争性が高まり、税金が節約できることを実証
したものとして、注目される。

② 「長期継続契約」の実施状況と効果

① 「長期継続契約」の法的根拠

　「長期継続契約」は、地方自治法234条の３において、電気・ガス・
水の供給、電気通信役務の提供を受ける契約や不動産の賃借契約などで
認められている契約手続である。この場合、同法214条の債務負担行為
として議会の議決を経る必要はない（昭和38年12月１日通知）。平成16
年の地方自治法および同施行令の一部改正により、その対象範囲が拡大
され、条例で定めれば、物品の借入れや役務の提供で、翌年度以降にわ
たり契約を締結しなければ支障を及ぼすようなものについても長期継続
契約が可能になった。

　立川市は、平成25年４月から、「立川市長期継続契約を締結すること
ができる契約を定める条例」に基づき、物品の借入れ、物品の保守、電
子計算機のプログラム保守運用、施設の維持管理、機械警備、廃棄物収
集運搬等について、「長期継続契約」を締結している。なお、契約期間
中に内容変更が予定されているものなどは「長期継続契約」の対象とは
していない。

② 「長期継続契約」の実施状況

　平成27年度から平成31年度までの５年間に、立川市が実施した「長
期継続契約」の実施状況を「委託業務」と「リース」とに分けて示すと、
図表２−12のとおりである。

　５年間を通して見ると、委託業務の入札件数は計999件（年平均約
200件）で、このうち112件（同22件）について「長期継続契約」を実
施したことになる（実施率11.2％）。また、リース（賃貸業務）の入札
件数は計95件（年平均約20件）で、このうち88件（同18件）について
「長期継続契約」を実施したことになる（実施率92.6％）。

　業務委託について５年間を平均すると、参加者数は、全体が6.7社で

146

あるのに対し、「長期継続契約」は5.3社と1社程度少なく、落札率は、業務委託全体が76.57％であるのに対し、「長期継続契約」は72.67％と4％程度低くなっている。

図表2－12 立川市の「長期継続契約」実施状況（平成27～31年度）（総価・競争）

【業務委託】

	H27年度	H28年度	H29年度	H30年度	H31年度
総入札件数（A）	174件	195件	222件	205件	203件
平均参加者数	7.2社	6.1社	7.8社	6.3社	5.9社
平均落札率	76.49％	76.34％	76.39％	74.95％	78.67％
長期継続契約件数（B）	14件	21件	41件	21件	15件
実施割合（B/A）	8.0％	10.8％	18.5％	10.2％	7.4％
平均参加者数	4.4社	3.0社	7.0社	5.4社	4.2社
平均落札率	78.83％	65.50％	79.03％	68.32％	71.68％

【リース】

	H27年度	H28年度	H29年度	H30年度	H31年度
総入札件数（A）	26件	20件	12件	15件	22件
平均参加者数	74.5社	7.2社	4.8社	1.7社	2.9社
平均落札率	75.58％	83.50％	75.46％	89.93％	81.46％
長期継続契約件数（B）	25件	18件	10件	14件	21件
実施割合（B/A）	96.2％	90.0％	83.3％	93.3％	95.5％
平均参加者数	4.5社	7.5社	5.1社	1.7社	2.8社
平均落札率	75.13％	83.22％	73.55％	89.21％	81.36％

出所：立川市提供

③ 「長期継続契約」運用上の課題

　以上のとおり、立川市の「複数年契約」および「長期継続契約」は特段の費用を伴わずに税金が節約できるだけでなく、行政コストを削減する効果があることがわかった。しかし、同時に「長期継続契約」について、いくつかの課題が浮かび上がってきた。以下では、課題を2点に絞って検証する。

① 契約期間の終期を「3月31日」としていること

前述のとおり、立川市は、業務委託に「複数年契約」を導入するに際し、毎年、年度末に発注事務が集中するという弊害を除去するため、以下の工夫を凝らした方式を採用した。

・初年度については、翌年度当初の3か月間（4〜6月）に限り、当該業務を担当してきた業者と特命随意契約を締結する。

・その後、7月までに、「複数年契約」として一般競争入札により発注する。

図表2−13は、委託業務のうち、警備・受付等に業種を絞って「複数年契約」と「長期継続契約」の業務期間を一覧にしたものである。これを見ると「複数年契約」から「長期継続契約」に移行する際に、契約期間の終了日を年度末（3月31日）にするために契約期間を調整していることは明らかで、「初心」はすっかり忘れ去られている（このことは、この業種に限ったことではない）。

一般に、契約業務を担当する職員は一般の職員よりも配置転換が頻繁になる傾向がある。このような事情により「初心」がすっかり忘れられるリスクがあることを、このケースは教えてくれている。このリスクの発生を防止するためには、「マニュアル」を作成するなどの対策を講ずる必要がある。

図表2−13 警備・受付等委託業務における「複数年契約」「長期継続契約」の業務期間

（平成20年度〜31年度）

年度	年度件数	着手日	期限	月数	件数	備考
平成20年度	15	H20.7.1	H23.6.30	36	15	複数年契約
平成21年度	3	H21.7.1	H24.6.30	36	2	〃
		H22.2.5	H25.9.30	44	1	〃
平成22年度	4	H22.7.1	H25.6.30	36	2	〃
		H22.7.1	H24.3.31	21	15	〃
		H22.8.1	H25.6.30	35	1	〃

		H23.7.1	H25.3.31	21	1	〃
平成23年度	15	H23.7.1	H26.6.30	36	2	〃
		H23.7.1	H28.6.30	60	10	〃
		H23.10.1	H26.9.30	36	1	〃
		H23.10.1	H28.9.30	60	1	〃
平成24年度	2	H24.7.1	H29.6.30	60	2	〃
平成25年度	5	H25.7.1	H27.3.31	21	1	長期継続契約
		H25.7.1	H28.3.31	33	1	〃
		H25.7.1	H30.3.31	57	2	〃
		H25.7.1	H31.3.31	69	1	〃
平成26年度	4	H26.7.1	H27.4.30	10	1	〃
		H26.7.1	H30.3.31	45	1	〃
		H26.7.1	H31.3.31	57	1	〃
		H27.1.27	H30.3.31	39	1	〃
平成27年度	3	H27.4.1	H30.3.31	36	2	〃
		H28.2.9	R3.3.31	62	1	〃
平成28年度	17	H28.7.1	H29.8.31	14	1	〃
		H28.7.1	H30.3.31	21	1	〃
		H28.7.1	H30.8.31	26	1	〃
		H28.7.1	R1.8.31	38	1	〃
		H28.7.1	R2.8.31	50	1	〃
		H28.7.1	R3.3.31	57	10	〃
		H28.9.1	H30.12.31	28	1	〃
		H29.2.1	R3.3.31	50	1	〃
平成29年度	5	H29.4.1	R2.3.31	36	1	〃
		H29.7.1	R4.3.31	57	1	〃
		H29.7.1	R4.6.30	60	1	〃
		H29.7.15	R2.9.30	39	1	〃
		H29.11.7	R3.3.31	41	1	〃
平成30年度	6	H30.4.1	R3.3.31	36	4	〃
		H31.1.1	R3.12.31	36	1	〃
		H31.2.12	R3.3.31	26	1	〃
平成31年度	4	H31.4.1	R3.3.31	24	1	〃
		H31.4.1	R5.3.31	48	1	〃
		H31.4.1	R6.3.31	60	1	〃
		R2.3.24	R7.3.31	61	1	〃

出所：立川市提供

②　新規参入業者に十分な「リードタイム」を与えていないこと

　業務委託には年度をまたいで継続されるものが少なくなく、これらは
「長期継続契約」と親和性がある。「長期継続契約」に限らないが、発注
時期は、それぞれの業務内容に応じた「リードタイム」を考慮して決め
る必要がある。

　図表２－14によれば、長期継続契約の中には、告示日から契約日ま
でが１か月（休日含む）に満たないものもあることがわかる。

　このような短期間では、新規参入業者に十分なリードタイムを与えた
とは言えないのではないか。新規参入がし易い環境を整備することが競
争性を高めるための必須の条件である。

図表２－14　平成31年度　契約日が告示日から30日未満の長期継続契約（総価・競争）

件名	告示日 （A）	入札日 （B）	契約日 （C）	期限	A－B （日間）	A－C （日間）
幸福祉会館及び曙福祉会館エレベーター設備保守点検業務委託	R1.5.20	R1.6.12	R1.6.18	R4.3.31	23	29
福祉作業所清掃業務委託（富士見・羽衣・栄・一番）	R1.5.27	R1.6.19	R1.6.25	R4.3.31	23	29
第七小学校警備業務委託	R2.2.25	R2.3.18	R2.3.24	R7.3.31	22	28

出所：立川市提供

150

10 「平均額型最低制限価格制度」の導入により落札価格を「相場価格」に収れんさせることに成功した神奈川県横須賀市

1 制度導入の経緯

　かつての横須賀市は、予定価格の85％を最低制限価格に設定していた。その上、予定価格を事前に公表していたため、「くじ引き」が相次いだ。そこで一計を案じ、予定価格の98％から100％の間の２％間を「0.4％」刻みにした５本のくじを作り、入札の都度、参加者の代表に１本引かせ、例えば、代表が「98.4％」のクジを引いた場合には公表価格の「98.4％」に相当する価格に、最低制限価格をその85％に相当する「83.64％」にそれぞれ定めるという仕組みを採用していた。

　入札参加者に最低制限価格を予測されないようにする苦肉の策であったが、それでも最低制限価格周辺に入札価格が集中し、落札者は「くじ引き」によって決められるケースが多発した。「くじ」という偶然性によって落札者を決める方法は、予決令において認められている方法ではあるが、それが常態化するのは異常ではないかという批判的な意見が出されるようになった。

　そこで、同市は、予定価格を基準とした最低制限価格の設定方法を見直すこととし、どのような方法があるかを入札監視委員会に諮問した。

　諮問を受けた入札監視委員会は、検討した結果を、平成16年２月、「横須賀市の入札制度・運用に関する入札監視委員会の意見書」（平成16年２月）として、次のように取りまとめた。

○入札は、そもそも市場による価格形成を図るための手段であり、官製価格からの脱却が求められるものである。官製価格である予定価格を基準として最低制限価格を設けることは、上限額・下限額ともに官製価格で決めることになり、入札本来の趣旨から考えると疑問が残る方法である。

○一方、平均額型最低制限価格は、実際に事業者が見積もった額の平均

額（相場となる市場価格）を基準とする点で、入札本来の趣旨と合致するものである。

○また、横須賀市の入札制度・運用について、一部の業界等から「くじ引きで落札者が決まっている」「85％の指し値入札だ」といった批判があるが、それらの批判に対しても対応できる方法である。

○よって、従来の「予定価格を基準として、その何％の価格を最低制限価格とする」方法から、「実際に入札された価格の平均額を基準として最低制限価格を定める」方法に転換することが望ましい。

　この提言を受けた横須賀市は、平成16年４月から平均額型最低制限価格制度を導入することとした。

2 平均額型最低制限価格制度の仕組み

　この制度は、入札物件ごとの入札価格の平均額を基に最低制限価格を算出する仕組みであり、同市では、「平均額型最低制限価格制度」と称している。なお、立川市は、物件ごとに入札価格は異なり、これを基に算出される最低制限価格も変動するとの理由で「変動型最低制限価格制度」と称しているが、いずれも仕組みは同じである。

　横須賀市の最低制限価格の算出方法は、入札価格の低いほうから参加者数の60％まで（例えば、参加者が12社の場合は7.2社になるから切り上げて８社）の入札価格の平均額に90％を乗じた金額を最低制限価格とする（ただし、参加者が５社に満たないときは最低制限価格を設けない）ものである。なお、参加者全員の入札価格を平均する方法も検討されたが、この方法は平均額を人為的に吊り上げることが可能であり、問題が多いとの理由で採用されなかった。

　次に、市場価格（相場）をどの程度下回った価格を最低制限価格とするかについても入札監視委員会において激しい議論のやりとりがあった。

　変動型の最低制限価格制度の採用について先行していた長野県が、適正化委員会の提案に基づいて平成15年４月に導入した制度は、入札価格の低いほうから５番目までの価格の平均額の80％を最低制限価格と

する仕組みであった。「低いほうから5番目までの入札価格」を平均する方法が採用されたのは応札価格を真剣に見積もるのは5社程度であろうと考えたためであり、また、その「80％」を最低制限価格にしたのは、「90％」とか「95％」という高率にすると、談合が行われている場合に談合に加わらない業者を失格にするおそれがあるためであった。

　長野県では同制度を導入した後、しばらく落札価格の低下が止まらなかった。そのため、同制度を導入したこと、とりわけ最低制限価格を「低いほうから5社の入札価格の平均額の80％」にしたことに対する批判が相次いだ。すなわち、参加者は「確実に落札するためには市場価格（相場）より20％も低い価格で入札しなければならない」と考え、低い入札価格を誘発し、どんどん落札価格が下がっていくおそれがあるとの批判である。今から思えば、入札改革に伴う建設業界の需給バランスの崩れが落札価格の低落の主な原因であったが、当時はこのような批判が説得力を持っていた。横須賀市は、こうした批判も考慮して最低制限価格を平均額の「90％」にした。

③　平均額型最低制限価格制度を導入した結果

　平均額型最低制限価格制度の下では、あまり安い価格で入札すると受注できず、かといってあまり高い入札価格では落札できる可能性は低くなる。そこで、入札参加者は、「他の参加者はどの程度の価格で入札するか」を想定して入札することになり、その結果、平均額型最低制限価格は市場価格（相場）に近い水準に落ち着くと想定されている。

　この想定が正しかったことを裏付けるデータがある。図表2－15は、横須賀市が平均額型最低制限価格制度を導入する前後の工種別平均落札率の推移を表したものである。

　平成15年度は、最低制限価格が予定価格の85％に設定されていた関係で、実際の落札率は建築・土木とも85％前後であった。平成16年度から平均額型最低制限価格制度が導入され、当時、入札監視委員会は「実際の落札率が85％程度を維持しているのは最低制限価格が下支えになっているからだ」と考え、同制度が導入されれば「落札率はいずれの

工種も85％よりも下がるだろう」と予想していた。しかし、この予想は見事に裏切られた。

図表２－15　平均型最低制限価格制度導入前後の工種別落札率の推移

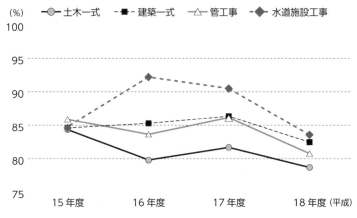

出所：横須賀市提供

　図表２－15によれば、平成15年度には、各工種とも当時の最低制限価格（予定価格の約85％）付近に集中していたが、平成16年度以降は工種間で大きな格差が生じている。すなわち、水道設備工事は90％以上になったのに対し、土木一式工事は70％台にまで低落し、建築一式工事と管工事は85％前後を推移するというように３つのグループに分かれた。

　平成18年度には４工種が80％前後に収れんする傾向が見られたものの、最も低い土木一式工事の落札率は78.71％で、水道設備工事と比べると約５ポイント、建築一式工事と比べると約４ポイント低くなっている。

　土木一式工事の落札率が他の工種よりも低くなっている理由を関係者に確かめたところ、官公需の割合が高い土木一式工事は、発注量の減少により需給ギャップが拡大し、落札価格が低下傾向にあるためとのことであった。つまり、両工種の落札率に差が出たのは、需給状況を反映した結果、ということになる。

　以上のとおり、平均額型最低制限価格制度は、落札価格水準を需給状況を反映した水準に収れんさせる働きがあるといえる。

11 「変動型最低制限価格」の採用で「不当な安値」と「くじ引き」を排除し、落札価格を「相場価格」に収めた東京都立川市

1 立川市の変動型最低制限価格制度

立川市は、平成15年、当時、秘密情報としていた予定価格を職員が漏らすという不祥事が発生した。同市はこれを契機として、防止策の一環として「予定価格の事前公表」を実施した。しかし、多くの自治体と同様に、予定価格を基準として最低制限価格を設定していたため、複数の業者が最低制限価格で入札し抽選で落札者を決める、いわゆる「くじ引き」が多発した。

この弊害を除去するため、同市は、平成21年1月、建設工事に係る設計・測量等に関する業務委託の入札を対象に、当時、神奈川県横須賀市が採用していた「平均額型最低制限価格制度」（151頁参照）を参考にして、以下のとおり、業者の入札価格に基づいて最低制限価格を設定する「変動型最低制限価格制度」（以降「変動型」という）を採用することにした。

① 入札価格の低いほうから60％の参加者の入札価格を平均する。

② 平均入札価格の85％に相当する価格を最低制限価格とする。

③ 入札参加者が5者未満の場合は算定対象外とする。

平均価格の算定対象を「入札価格の低いほうから60％の参加者の入札価格」とした理由は、「入札参加者の半数程度は真剣に見積もるだろう」との予測に基づいている。ただし、「50％」とした場合、入札参加者が「5者」の場合は算定対象が「2.5者」という半端な数となる。これを「60％」にすればキリの良い「3者」になるので、「60％」のほうが適当であろうとの考えによる。

また、平均入札価格の「85％」を最低制限価格に設定したのは、「真剣に見積もる業者」の平均入札価格は「相場価格」に近いものになると推測されるので、最低制限価格はこれよりも若干低いレベルに設定するのが適当であろうとの判断に基づく。

もう一つの理由は、「変動型」を最初に採用した長野県の事例（入札価格の低いほうから５者の平均入札価格の「80％」に最低制限価格を設定したところ、平均落札率が60％台に落ちた）と、この事例を踏まえた横須賀市の事例（入札価格の低いほうから60％の参加者の平均価格の「90％」に最低制限価格を設定した）を参考に、両者の中間の「85％」を採用することにした。

　平成22年４月、立川市は、「変動型」の算定対象に「予定価格3000万円以上の建設工事」および「予定価格300万円以上の業務委託」も加え、大幅に拡大した。さらに、平成30年度以降は、全ての建設工事を「変動型」の算定対象にする（ただし、平成30年３月頃に実施された年度開始前準備行為を除く）とともに、算定対象としない基準を「入札参加者が５者未満」から「３者未満」に改め、算定対象をさらに拡大した（ただし、業務委託の「５者未満の場合」は従来どおり）。

　以上を踏まえ、現行の「変動型」を整理すると、以下のとおりである。
①　入札価格の低いほうから60％の参加者の入札価格を平均する。
②　平均入札価格の85％に相当する価格を最低制限価格とする。
③　「全ての建設工事」および「建設工事に係る設計・測量等または予定価格300万円以上の業務委託」を算定対象とする。
④　ただし、建設工事については「入札参加者が３者未満」、業務委託については「５者未満」の場合は算定対象外とする。

２ 「変動型」５年間の運用状況

①　建設工事
ア　概況
　建設工事における平成27年度から平成31年度までの５年間の「変動型」の運用状況は、図表２−16のとおりである。

　図表２−16から、「予定価格3000万円以上の建設工事」かつ「入札参加者５者以上」を算定対象としていた平成29年度までは、「変動型」の算定率は競争入札件数の10％前後に過ぎなかったが、算定対象を「全ての建設工事」かつ「入札参加者３者以上」に拡大した平成30年度以

　降は、「変動型」の算定率は競争入札件数の50％超に急増していることがわかる。

　また、平成29年度までは2割弱で「くじ引き」が発生しているが、「変動型」の採用を拡大させた平成30年度以降は、「くじ引き」の発生件数は激減し、とりわけ平成31年度に「0」になったことが注目される。

図表2－16　立川市の「変動型」運用状況（建設工事）

	H27年度	H28年度	H29年度	H30年度	H31年度
競争入札件数	126件	114件	132件	112件	131件
変動型・算定件数	16件	8件	17件	58件	71件
変動型・算定率	12.7％	7.0％	12.9％	51.8％	54.2％
くじ引き件数	18件	22件	25件	5件	0件
くじ引き発生率	14.3％	19.3％	18.9％	4.5％	0％
うち変動型のくじ引き件数	0件	0件	1件	1件	0件
失格件数	1件	2件	2件	4件	8件
失格発生率	6.3％	25.0％	11.8％	6.9％	11.3％

出所：立川市提供
注1：変動型の算定対象とされたのは、平成29年度までは「予定価格3000万円以上の建設工事」かつ「入札参加者5者以上」のものである。また、平成30年度以降は「全ての建設工事」かつ「入札参加者3者以上」のものである。
注2：平成30年3月ごろに実施された「年度開始前準備行為」の算定対象は平成29年度までと同じである。

イ　具体的な運用状況

　図表2－17は、平成31年度の競争入札のうち「変動型」の算定対象となった建設工事71件の中から代表的な4件を選び、入札結果を具体的に示したものである。「若葉図書館屋根改修工事」（税抜き予定価格1024万円）では、16社が「696万3200円〜964万円」で入札した。この場合、平均算定の対象となる10社の平均価格「765万9585円」の「85％」に相当する「651万647円」が最低制限価格となり、結果的に最低価格で入札した業者が落札した。

　この入札では、多くの業者が予定価格をかなり下回る価格で入札しており、700万円前後の価格で入札した数社間で実質的な競争が行われたと推測される。

図表2−17　平成31年度における「変動型」の代表的な運用事例（工事）

件名	若葉図書館屋根改修工事	若葉台小学校新校舎建設工事 空調換気設備		富士見町第三住宅屋上防水改修工事	柴崎市民体育館ボイラー改修工事
予定価格（税抜き）[A]	10,240,000	467,600,000		50,450,000	24,900,000
有効参加者数 [B]	16	58		13	8
算定数（Bの60%）	10	35		8	5
低価格順で算定数分の平均額 [C]	7,659,585	416,857,714		36,509,936	20,566,000
最低制限価格（Cの85%）[D]	6,510,647	354,329,057		31,033,445	17,481,100
最低制限価格／予定価格（D÷A）	63.58%	75.78%		61.51%	70.21%
最低入札価格／予定価格	68.00%	85.54%		67.14%	78.51%
落札価格／予定価格	68.00%	85.54%		67.14%	78.51%
入札価格	6,963,200	400,000,000	467,000,000	33,870,000	19,550,000
*網掛が落札価格	7,106,500	406,200,000	467,000,000	34,310,000	20,000,000
	7,140,000	409,000,000	467,000,000	34,800,000	20,500,000
	7,160,000	412,000,000	467,000,000	35,819,500	21,000,000
	7,164,150	418,480,000	467,000,000	36,480,000	21,780,000
	7,680,000	420,840,000	467,300,000	38,499,990	22,000,000
	8,100,000	450,000,000	467,500,000	39,000,000	24,650,000
	8,260,000	460,000,000	467,500,000	39,300,000	24,900,000
	8,472,000	467,000,000	467,600,000	41,680,000	
	8,550,000	467,000,000	467,600,000	43,000,000	
	8,650,000	467,000,000	467,600,000	43,387,000	
	8,680,000	467,000,000	467,600,000	45,000,000	
	8,700,000	467,000,000	467,600,000	50,450,000	
	8,880,000	467,000,000	467,600,000		
	9,192,800	467,000,000	467,600,000		
	9,640,000	467,000,000	467,600,000		

（網掛が落札価格：6,963,200／400,000,000／33,870,000／19,550,000）

出所：立川市資料を基に筆者作成

　また、「若葉台小学校新校舎建設工事（空調換気設備）」（税抜き予定価格4億6760万円）では、58社が「4億円〜4億6760万円」で入札した。この場合、平均算定の対象となる35社の平均価格「4億5693万7714円」の「85％」に相当する「3億8839万7057円」が最低制限価格となり、結果的に最低価格で入札した業者が落札した。

　この入札の特徴は、(i)入札した58社のうち、（公表されている）予定価格丁度の価格で入札した33社を含め、約50社が予定価格に近い価格で入札し、その半数以上が平均算定の対象から除外されていること、(ii)この約50社が競争を挑んだとは解されず、実質的な競争は、これらを除く6社程度で行われたと推測されること、(iii)この6社程度の入札価格、すなわち「4億を少し上回る価格」が本件の「相場価格」に近い価格であったと推測されることである。

　また、「富士見町第三住宅屋上防水改修工事」（税抜き予定価格5045万円）では、13社が「3387万円〜5045万円」で入札しており、さらに、「柴崎市民体育館ボイラー改修工事」（税抜き予定価格2490万円）では、8社が「1955万円〜2490万円」で入札している。

　これらの入札の特徴は、(i)2件とも予定価格丁度の価格で入札した業者が存在するが、平均算定の対象を「入札価格の低いほうから60％の参加者の入札価格」としているため、これらは平均価格の算定から除外されていること、(ii)実質的な競争は、前者では3400万円前後の価格で入札した数社間で、また、後者では2000万円前後の価格で入札した数社間で、それぞれ行われたと推測されることである。

② 業務委託

ア　概況

　業務委託における平成27年度から平成31年度の「変動型」の運用状況は、図表2−18のとおりである。

　図表2−18によれば、業務委託で「変動型」が算定となった件数は、5年間で計347件（年平均70件）にのぼっており、競争入札に付された4件中1件強（約28％）が「変動型」の算定対象になっていることが

わかる。なお、算定対象外となったのは全て「予定価格300万円未満（建設工事に係る設計・測量等を除く）」又は「入札参加者5者未満」のケースである。

図表2－18　立川市の「変動型」運用状況（業務委託）

	H27年度	H28年度	H29年度	H30年度	H31年度
競争入札件数	225件	241件	274件	247件	246件
変動型・算定件数	66件	59件	85件	74件	63件
変動型・算定率	29.3%	24.5%	31.0%	30.0%	28.1%
くじ引き件数	1件	2件	3件	3件	5件
くじ引き発生率	0.4%	0.8%	1.0%	1.1%	1.9%
うち変動型のくじ引き件数	1件	2件	1件	1件	1件
失格件数	14件	18件	27件	16件	18件
失格発生率	21.2%	30.5%	31.8%	21.6%	28.6%

出所：立川市提供
注：「変動型」の算定対象とされているのは「建設工事に係る設計・測量等または予定価格300万円以上の業務委託」かつ「入札参加者5者以上」の業務委託である。

　また、立川市は、業務委託について「変動型」以外最低制限価格は設けていないため、もともと「くじ引き」の発生件数は年5件以下と少なく、「変動型」に限れば年1件程度に過ぎない。

イ　具体的な運用状況

　図表2－19は、平成31年度に競争入札のうち「変動型」の算定対象となった業務委託63件のうち代表的な7件を選び、入札結果を具体的に示したものである。

　「空家等対策計画策定事業支援委託（複数年）」（税抜き予定価格683万円）では、16社が「438万円～683万円」で入札した。この場合、平均算定の対象となる10社の平均価格「507万9000円」の「85％」に相当する「431万7150円」が最低制限価格となる。結果的に最低価格で入札した業者が落札した。

　この入札の特徴は、(i)一定数の業者が予定価格丁度かそれに近い価格で入札していること、(ii)実質的な競争は、落札業者を含む数社間で行わ

160

図表２−19　平成31年度における「変動型」の代表的な運用事例（委託）

件名	空家等対策計画策定事業支援委託（複数年）	緑込地等除草及び清掃業務委託その1	砂川学習館清掃及び外壁房車設備保守運転業務委託（長期継続契約）	高松保育園各所示改修工事設計委託	曙町住宅維持計画策定支援業務委託	公共下水道幹線土壌概況調査に係る業務委託	市道２号線詳細設計委託
予定価格（税抜き）[A]	6,830,000	22,560,000	27,770,000	3,275,000	7,587,000	8,962,000	10,582,000
有効参加者数 [B]	16	13	11	17	12	18	14
算定数（Bの60%）	10	8	7	11	8	11	9
低価格順で算定数分の平均額 [C]	5,079,000	15,492,875	27,280,479	2,864,909	5,726,250	4,699,455	7,155,222
最低制限価格（Cの85%）[D]	4,317,150	13,168,943	23,188,406	2,435,173	4,867,312	3,994,536	6,081,938
最低制限価格/予定価格（D÷A）	63.21%	58.37%	83.50%	74.36%	64.15%	44.57%	57.47%
最低入札価格/予定価格	64.13%	62.72%	91.09%	75.73%	64.58%	45.75%	61.43%
落札価格/予定価格	64.13%	62.72%	91.09%	75.73%	64.58%	45.75%	61.43%
入札価格 ＊網掛けが落札価格	4,380,000	14,149,000	25,296,450	2,480,000	4,900,000	4,100,000	6,500,000
	4,500,000	14,500,000	26,936,900	2,586,000	5,460,000	4,390,000	6,750,000
	4,540,000	14,664,000	27,650,000	2,748,000	5,470,000	4,450,000	6,870,000
	4,680,000	14,850,000	27,770,000	2,820,000	5,470,000	4,530,000	7,047,000
	5,100,000	15,780,000	27,770,000	2,850,000	5,650,000	4,790,000	7,280,000
	5,200,000	16,500,000	27,770,000	2,880,000	5,980,000	4,809,000	7,450,000
	5,340,000	16,600,000	27,770,000	2,900,000	5,980,000	4,825,000	7,480,000
	5,480,000	16,900,000	27,770,000	3,000,000	6,200,000	4,840,000	7,500,000
	5,640,000	17,800,000	27,770,000	3,000,000	6,680,000	4,860,000	7,520,000
	5,930,000	18,050,000	27,770,000	3,100,000	6,927,000	5,000,000	8,460,000
	5,942,100	22,500,000		3,150,000	7,500,000	5,100,000	8,980,000
	6,500,000	22,560,000		3,240,000	7,580,000	5,200,000	8,990,000
	6,800,000	22,560,000		3,250,000	7,587,000	6,240,000	9,500,000
	6,830,000			3,250,000		6,450,000	10,500,000
	6,830,000			3,275,000		6,690,000	
	6,830,000			3,275,000		7,640,000	
				3,275,000		7,940,000	
						7,954,520	

出所：立川市資料を基に筆者作成

れたと推測されること、(iii)この「数社」の入札価格が「相場価格に近い」と推測されることである。

また、「公共下水道緑川幹線土壌概況調査に係る業務委託」（税抜き予定価格896万2000円）では、18社が「410万円〜795万4520円」で入札した。この場合、平均算定の対象となる11社の平均価格「469万9455円」の「85％」に相当する「399万4536円」が最低制限価格となる。結果的に最低価格で入札した業者が落札した。

この入札は、落札率が「45.75％」と極めて低いが、18社のうち半数の9社が400万円台の価格で入札しており、実質的に400万円台前半の価格で入札した4社間が競争したもので、このレベルが「相場価格」であったと推測される。

③ 「変動型」を採用するメリット

① 「くじ引き」をほぼ完璧に排除し得ること

予定価格を基準とした最低制限価格を設定した場合、「くじ引き」が多発することは前述したとおりである。立川市でも「変動型」の算定対象外としていた「予定価格3000万円未満の建設工事」において毎年度20件を超える「くじ引き」が発生していた。しかし、すべての建設工事を「変動型」の算定対象とした平成30年度以降は「くじ引き」が激減し、平成31年度にはついに「0」になっている。

なお、立川市では、前述のとおり、業務委託については「くじ引き」がほとんど発生していない。これは、同市が業務委託について最低制限価格を設定していないためと考えられる。

予定価格を基準とした最低制限価格を設定すれば「くじ引き」の弊害発生は避けられず、この弊害を除去するためには「変動型」を採用するか、又は最低制限価格の設定をやめるかのいずれかの手段しかない。最低制限価格を設定しない選択は「不当な安値入札」を排除する観点から採用し難いから、「くじ引き」を排除するには「変動型」を採用することが最も効果的な方法である。

「変動型」を採用すると、なぜ「くじ引き」がほぼ完璧に排除し得る

のだろうか。これを解く「鍵」は、業者の入札行動にあると考えられる。

すなわち、業者が入札価格を検討する際、予定価格を基準にして最低制限価格が設定されている場合には、まず予定価格を探り、これを基に最低制限価格を推測して入札価格を決定するだろう。一方、「変動型」が採用されている場合には、業者はほかの入札参加者の入札価格（つまり「相場価格」）を予測し、それよりも有利な条件を提示しようと工夫する。この場合、「変動型」の最低制限価格は「端数」の付いた金額になることが多いから、業者がこれを言い当てるのは難しい。

例えば、図表2−20の「第五中学校ほか1校体育館照明設備改修工事」の最低制限価格は「1467万688円」、「第四小学校屋上防水改修工事」のそれは「3347万5742円」というように「端数の付いた金額」になり、業者がこの金額を予測するのはほぼ不可能に近い。

それゆえ、「変動型」を採用すれば、例外的なケースを除き、「くじ引き」をほぼ完璧に排除し得るのである。

② 「不当な安値」をほぼ完璧に排除し得ること

図表2−16によれば、平成27年度から平成31年度までの5年間の建設工事における「変動型」の算定対象になったのは計170件で、このうち17件（10.0%）で「失格」が発生している。つまり、約1割の入札において極端な安値入札をした計18社が「失格」している。

それでは、平成31年度に「変動型」の算定対象となった建設工事において「失格」が発生した「全8件」の入札結果を具体的に見てみよう。

図表2−20の「全8件」のうち「第五中学校ほか1校体育館照明設備改修工事」（税抜き予定価格2214万8000円）では、5社が「1385万円〜2073万円」で入札している。この場合、平均価格の算定対象となる3社の平均価格「1725万9633円」の「85%」に相当する「1467万688円」が最低制限価格となる。その結果、「1385万円」という極端な安値（予定価格の62.53%）で入札した業者が失格し、「1850万円」で入札した2番手の業者が落札率「83.53%」で落札している。

また、「第四小学校屋上防水改修工事」（税抜き予定価格6060万5000

図表２－２０　平成31年度に「変動型」で失格となったケース（工事）

件名	区画等塗装工事（単価契約）	若葉台小学校新校舎建設工事（電気設備）	第五中学校ほか1校体育館照明設備改修工事	第六小学校大規模改修工事（電気設備）	第四小学校屋上防水改修工事	大山小学校プールサイド改修工事	松中小学校プール改修工事	柏資館（園各所改修工事）（防水改修）
予定価格（税抜き）[A]	93,355	394,460,000	22,148,000	207,050,000	60,605,000	15,677,000	20,632,000	11,919,000
有効参加者数 [B]	11	7	5	6	14	4	4	9
算定者数（Bの60%）	7	5	3	4	9	3	3	6
低価格順で算定数分の平均額 [C]	65,948	280,000,000	17,259,633	157,219,625	39,383,226	8,196,667	13,328,953	8,082,167
低価格順価格（Cの85%）[D]	56,055	238,000,000	14,670,688	133,636,681	33,475,742	6,967,166	11,329,610	6,869,841
最低制限価格（D÷A）	60.04%	60.34%	66.24%	64.54%	55.24%	44.44%	54.91%	57.64%
最低入札価格／予定価格	59.50%	58.56%	62.53%	62.55%	48.72%	42.10%	48.47%	55.99%
落札価格／予定価格	67.48%	67.69%	83.53%	73.41%	62.44%	55.50%	57.48%	61.67%
入札価格	55,550	231,000,000	13,850,000	129,500,000	29,524,000	6,600,000	10,000,000	6,673,000
＊網掛が落札価格	63,000	267,000,000	18,500,000	152,000,000	37,840,000	8,700,000	11,860,000	7,350,000
	65,340	282,000,000	19,428,900	171,386,000	37,980,000	9,290,000	18,126,860	8,350,000
	65,350	287,000,000	19,500,000	175,992,500	39,190,000	13,736,010	19,790,000	8,390,000
	69,380	333,000,000	20,730,000	182,760,000	40,660,000			8,500,000
	70,016	335,290,000		190,000,000	41,375,034			9,230,000
	72,997	346,600,000			41,980,000			9,240,000
	74,688				42,400,000			9,500,000
	75,000				43,500,000			11,500,000
	75,650				44,800,000			
	93,355				44,979,000			
					47,490,000			
					48,484,000			
					49,696,100			

出所：立川市資料を基に筆者作成

円）では、14社が「2952万4000円～4969万6100円」で入札している。
この場合、平均価格の算定対象となる9社の平均価格「3938万3226
円」の「85％」に相当する「3347万5742円」が最低制限価格となる。
その結果、「2952万4000円」という極端な安値（予定価格の48.72％）
で入札した業者が失格し、「3784万円」で入札した2番手の業者が落札
率「62.44％」で落札している。

　これらの事例から、業者は、「変動型」が採用されている場合、「相場
価格」を探り、失格リスクを考慮して「相場価格」よりも極端に低い価
格で入札するのを避ける行動を採る。その結果、「不当な安値入札」が
排除されるのである。

　次に、業務委託について見てみよう。

　図表2－18によれば、業務委託について、平成27年度から平成31年度
までの5年間に「変動型」が算定となった347件の入札において93件
（26.8％）で「失格」が発生しており、建設工事の失格率（10.0％）より
もかなり高くなっている。

　これは、第1に業務委託はもともと建設工事に比して入札参加者数が
多く、競争性が高いこと、第2に業務委託は人件費の割合が建設工事よ
りも高く、地域ごとの労働需給によって人件費が大きく変動するため、
これが入札価格に及ぼす影響が少なくないこと、第3に建設工事の場合
は「物価版」や「積算資料」といった見積基準が公表されているのに対
し、業務委託の場合はこれに類するものが限られていること、第4に業
者の中には「実績をつくるため」として極端な安値で入札する者が少な
くないことなどによると考えられる。

　その意味で、「業務委託」は「予定価格の事前公表」および「変動
型」と親和性があり、業務委託にこれらの制度を採用すると、とりわけ
効果が大きいと言える。

　図表2－21は、平成31年度に「変動型」の算定対象となった業務委託
において「失格」が発生した代表的な5件の具体的な入札状況である。

図表２－21　平成31年度に「変動型」で失格となったケース（委託）

件名	植込地等除草及び清掃委託その2	公園緑地管理委託（単価契約）	小学校体育館ガラス飛散防止フィルム貼付委託	小学校及び中学校植栽管理（せん定）業務委託	保育園及びドリーム学園特殊建築物定期調査及び建築設備定期検査業務委託
予定価格（税抜き）【A】	19,380,000	4,323,247	8,720,000	13,774,500	3,281,800
有効参加者数【B】	14	6	8	8	10
算定数（Bの60%）	9	4	5	5	6
低価格順で算定数分の平均額【C】	15,114,778	2,588,120	4,899,300	10,357,800	1,982,167
最低制限価格（Cの85%）【D】	12,847,561	2,199,902	4,164,405	8,804,130	1,684,841
最低制限価格/予定価格（D÷A）	66.29%	50.89%	47.76%	63.92%	51.34%
最低入札価格/予定価格	60.89%	20.69%	34.38%	50.01%	41.14%
落札価格/予定価格	70.00%	57.83%	66.51%	71.87%	58.50%
入札価格	11,800,000	894,481	2,998,000	6,889,000	1,350,000
注：網掛が落札価格	12,450,000	2,500,000	3,750,000	9,900,000	1,920,000
	12,597,000	3,458,000	5,800,000	10,000,000	2,130,000
	13,566,000	3,500,000	5,968,500	12,000,000	2,133,000
	15,510,000	4,323,246	5,980,000	13,000,000	2,170,000
	17,280,000	4,323,247	6,680,000	13,774,500	2,190,000
	17,400,000		6,900,000	13,774,500	2,230,000
	17,680,000		6,960,000	13,774,500	2,260,000
	17,750,000				2,780,000
	17,800,000				2,953,000
	18,000,000				
	18,100,000				
	19,300,000				
	19,380,000				

出所：立川市資料を基に筆者作成

　このうち「植込地等除草及び清掃委託その２」（税抜き予定価格1938万円）では、14社が「1180万円〜1938万円」で入札している。この場合、平均価格の算定対象となる９社の平均価格「1511万4778円」の「85%」に相当する「1284万7561円」が最低制限価格となる。その結果、「1180万円（予定価格の60.89%）」、「1245万円（同64.24%）」、「1259万7000円（同65.0%）」という極端な安値で入札した３社が「失格」になり、「1356万6000円」で入札した４番手の業者が落札率「70.00%」で落札した。

　また、「公園緑地管理委託（単価契約）」（税抜き予定価格432万3247円）では、６社が「89万4481円〜432万3247円」で入札している。この場合、平均価格の算定対象となる４社の平均価格「258万8120円」の「85%」に相当する「219万9902円」が最低制限価格となる。その結果、「89万4481円（予定価格の20.69%）」という極端な安値で入札した１社

が「失格」となり、「250万円」で入札した2番手の業者が落札率「57.83％」で落札した。

さらに、「小学校体育館ガラス飛散防止フィルム貼付委託」（税抜き予定価格872万円）では、8社が「299万8000円～696万円」で入札している。この場合、平均価格の算定対象となる5社の平均価格「489万9300円」の「85％」に相当する「416万4405円」が最低制限価格となる。

結果、「299万8000円（予定価格の34.38％）」、「375万円（同43.00％）」という極端な安値で入札した2社が「失格」となり、「580万円」で入札した3番手の業者が落札率「66.51％」で落札した。

前述のとおり、「変動型」が採用されている場合、競争を挑む業者は、ほかの業者の入札価格を予測し、それよりも若干低い価格で入札しようとするが、「相場価格」よりも極端に低い価格で入札すると「失格」するリスクを負う。このため、「変動型」が採用されている場合には、業者は「失格」を避けるため、「極端な安値入札」を避ける行動を採るようになり、それゆえ、「変動型」を採用するとほぼ完璧に「不当な安値入札」を排除し得るのである。

③　落札価格を「相場価格」に収れんさせ得ること

160頁で、「変動型」が採用されている場合には、(i)実質的には、真剣に見積もる数社間で行われており、(ii)これらの業者は、競争者の入札価格（相場価格）を予測し、これを基に自らの入札価格を決定している実態を紹介した。こうした企業行動が、業者間の競争を活発化させ、落札価格を「相場価格」に収れんさせると考えられる。

その意味で、立川市は、「変動型」を採用することにより、競争性を高めながら、極端な安値を排除し、落札価格を「相場価格」に収れんさせることに成功していると評価できる。

4　残された課題

①　「予定価格の事前公表」および「変動型」を採用し続けるべきか

上級機関から地方自治体に向けて、予定価格の事前公表について問題

視する主旨の文書が発出されているが、予定価格を事前に公表するか否か、いかなる基準で最低制限価格を設定するかは、それぞれの自治体が自主的に決めればよいことであって、上級機関が指図する事柄ではないと考えられる（地方自治法1条の2）。

立川市の場合、前述のとおり、平成15年の不祥事発生を契機として、不祥事を未然に防止する観点から自主的に予定価格の事前公表を行っているのであって、それ以降、入札を巡る不祥事は一切発生しておらず、「予定価格の事前公表」の成果が表れている。

最近、予定価格を事後公表（すなわち「秘密情報」）にしている発注機関において、予定価格等を漏らしたとして官製談合防止法8条違反に問われるケースが相次いでいる（84頁参照）。こうした不祥事は、予定価格を秘密情報にしているから、また、予定価格を基準とした最低制限価格制度を採用しているから、発生するのである。立川市のように、予定価格を事前公表するとともに、併せて「変動型」を採用すれば、こうした不祥事は一切発生しないと断言できる。

立川市は、入札を巡る不祥事を完全に封じることに成功した先進自治体として、上級機関の要請を振り切って、今後も「予定価格の事前公表」および「変動型」を採用し続けるべきである。

② 業務委託について「変動型」算定対象を拡大すべきか

立川市では、業務委託について、「予定価格300万円未満」および「入札参加者5者未満」については「変動型」の算定対象外としており、しかも、最低制限価格を設定していない。そこで、業務委託における「変動型」対象外の入札において「不当な安値入札」が発生していないかどうかを検討する。

「不当な安値」をどう定義するかは難しいが、以下では、立川市の低入札価格調査制度の対象となる「落札率50％未満の価格」を「不当な安値」と定義し、検討を進めることにする。

図表2－22は、業務委託で「変動型対象外」になった入札における「不当な安値」の発生状況を示したもので、業務委託において、毎年、

168

10％前後の割合で「不当な安値」が発生しており、5年間の「変動型対象外」総件数680件のうち59件（8.7％）で、「不当な安値」が発生していること、平成30・31年度に限って見ても、「変動型対象外」総件数261件のうち23件（8.8％）で「不当な安値」が発生していることがわかる。

図表2－22　業務委託の「変動型対象外」における「不当な安値」の発生状況

	H27年度	H28年度	H29年度	H30年度	H31年度
変動型対象外件数	128件	140件	151件	135件	126件
うち「不当な安値」の件数	13件	8件	15件	13件	10件
同発生率	10.2％	5.7％	10.0％	9.6％	7.9％

出所：立川市提供
注1：「変動型対象外」とは「予定価格300万円未満（建設工事に係る設計・測量等を除く）」の業務委託である。
注2：「不当な安値」とは、「落札率50％未満の価格」をいう。

　一方、「変動型」の対象となった入札における「不当な安値」の発生状況は、平成30・31年度は計137件中5件（3.6％）である。しかも、この「5件」のうち4件では「失格」が発生しておらず、いずれも予定価格の40％台の価格で入札している。つまり、「予定価格の40％台」がこの5件の「相場価格」であったと推測される。

　もとより、「変動型」が採用されている場合の業者の入札行動と、そうでない場合の業者の入札行動とでは全く異なると考えられるから、両者を比較することはあまり意味がないのかもしれないが、単純に比較してみると、「変動型対象外」の「不当な安値」の発生率は「変動型」の倍以上となっている。すなわち、「変動型対象外」となっている「予定価格300万円未満」の業務委託において、とりわけ「不当な安値」の発生リスクが高いと言える。

　以上のことから、同市は、今後、業務委託における「変動型」算定対象を「予定価格300万円未満」にも広げていく必要がある。

③　「変動型」と競争性の確保
　「変動型」を採用するメリットは、前述のとおり、(i)「くじ引き」を

ほぼ完全に排除する、(ii)極端な安値を排除する、(iii)競争性を高め、落札価格を相場価格に収れんさせることであり、立川市は「変動型」を採用することによりそのメリットを十分享受していると言える。しかし、「変動型」においても競争性が疑問視されるケースが皆無ではない。

図表2－23は、平成31年度に「変動型」が採用された71件の建設工事および63件の業務委託のうち、競争性が疑問視される7件（建設工事3件、業務委託4件）をピックアップし、具体的な入札結果を見たものである。

これら7件は、いずれも落札率が95％程度を超えており、業者の入札価格も横並びで、競争性が確保されていないと判断されても仕方ないケースである。

とりわけ「競輪場場内外警備及び交通整理委託（単価契約）」では、落札業者を除く6社は、全て予定価格丁度の価格で入札しており、競争を挑んでいないことは明白である。他の6件も同様に競争性に乏しい。

しかしながら、これらの入札において談合などの不正行為があったと決めつけることはできない。予定価格のレベルが業者の想定よりも低く、予定価格丁度の価格でも採算が採れるかどうか不確かなケースで、「奇特な業者」が存在し、その業者が落札者になった可能性も否定できないからである。

今後、立川市は、競争性が疑問視されるケースを発見したときは、競争性を高める方策、例えば、発注地域を「市内」「準市内」から「都内」に広げるなどの措置を講ずる必要がある。

図表 2−23 ［変動型］において競争性が疑問視されるケース

件名	工事			委託			
	公園施設改修等整備工事（長寿命化対策）	公共下水道管渠等維持工事その4	公園維持補修工事その2	小学校及び中学校便所清掃業務委託	競輪場場内及び特別観覧席廃清掃じんかい収集処理委託	用水清掃、草刈及びじゅんせつ等委託	競輪場場内外警備及び交通整理委託（単価契約）
予定価格（税抜き）[A]	13,527,000	16,882,000	4,909,000	17,790,000	48,430,000	17,770,000	16,213,140
有効参加者数 [B]	7	3	3	11	7	6	7
算定件数（Bの60%）	5	2	2	7	5	4	5
低価格順で算定数分の平均額 [C]	13,024,000	16,340,000	4,790,000	17,768,571	48,378,000	17,707,500	16,200,772
最低制限価格（Cの85%）[D]	11,070,400	13,889,000	4,071,500	15,103,285	41,121,300	15,051,375	13,770,656
最低制限価格/予定価格（D÷A）	81.84%	82.27%	82.94%	84.90%	84.91%	84.70%	84.94%
最低入札価格/予定価格	95.88%	94.78%	97.37%	99.38%	99.73%	99.32%	99.62%
落札価格/予定価格	95.88%	94.78%	97.37%	99.38%	99.73%	99.32%	99.62%
入札価格	12,970,000	16,000,000	4,780,000	17,680,000	48,300,000	17,650,000	16,151,300
＊網掛が落札価格	12,990,000	16,680,000	4,800,000	17,750,000	48,360,000	17,700,000	16,213,140
	13,000,000	16,700,000	4,850,000	17,790,000	48,400,000	17,730,000	16,213,140
	13,000,000			17,790,000	48,400,000	17,750,000	16,213,140
	13,160,000			17,790,000	48,430,000	17,770,000	16,213,140
	13,300,000			17,790,000	48,430,000	17,770,000	16,213,140
	13,527,000			17,790,000	48,430,000		16,213,140
				17,790,000			
				17,790,000			
				17,790,000			
				17,790,000			

出所：立川市資料を基に筆者作成

171

④ 「委託業務」について、最低制限価格の基準を見直す必要はないか

「失格発生率」がどのレベルならば適当かについて基準はない。しかし、失格が全く発生しないか又は極端に少ない場合には「失格基準が低すぎる」、また、失格発生率が著しく高い場合には「最低制限価格が高すぎる」と判断することが可能である。

前述のとおり、業務委託の失格率「26.8％」は建設工事のそれに比して著しく高く、両者の制度設計のバランスがとれているとは言い難い。そこで、仮に、業務委託について、現行の最低制限価格を「平均価格の80％」に引き下げた場合に、失格発生件数および発生率がどのように変化するかを検証してみよう。

図表2-24は、業務委託について、現行の失格発生状況と、最低制限価格を「平均価格の80％」に引き下げた場合のそれとを比較したものである。これによれば、年度ごとに変動はあるが、失格発生件数・発生率とも大幅に減少することがわかる。さらに、5年間を通して見ると、失格発生件数は「93件」から「46件」に、また、失格発生率は「26.8％」から「13.3％」に、それぞれ半減することがわかる。この失格発生率（13.3％）であれば、建設工事のそれ（10.0％）とほぼバランスを保てるレベルであるといえる。

図表2-24　業務委託の最低制限価格を「平均価格の80％」に引き下げた場合の失格発生状況

	H27年度	H28年度	H29年度	H30年度	H31年度
変動型件数	66件	59件	85件	74件	63件
現行の失格発生件数	14件	18件	27件	16件	18件
同発生率	21.2％	30.5％	31.8％	21.6％	28.6％
引き下げた場合の失格発生件数	10件	6件	15件	5件	10件
同発生率	15.2％	10.2％	17.6％	6.8％	15.9％

出所：立川市提供

失格発生率が著しく高い場合、すなわち、最低制限価格が高すぎる場合には、大きく2つの「不合理」が発生する。

　第1はその仕事を最も効率的に行い得る業者が契約の相手方になれないという「不合理」であり、第2はこれによって市民が納めた税金が無駄に使われるという「不合理」である。

　図表2−25は、平成31年度に「変動型」が採用された63件の業務委託のうち、失格が発生した18件のうち代表的な5件をピックアップし、最低制限価格を「平均価格の85％未満」から「平均価格の80％未満」に引き下げた場合に、落札者・落札価格がどのように変化するかを具体的に見た結果である。

　「植込地等除草及び清掃委託その2」では、「1356万6000円」で入札した業者が落札し、3社が失格している。仮に、最低制限価格を「平均価格の80％」に引き下げた場合には、最低制限価格が「1209万1822円」に引き下がった結果、低いほうから2番目に入札した業者が「1245万円」で落札することになる。

　同様に、「庁舎植栽管理業務委託（長期継続契約）」では「945万1000円」で入札した業者が、「公園緑地管理整備委託（D地区）」では「1020万円」で入札した業者が、「西国立駅前広場等基本計画策定業務委託」では「950万円」で入札した業者が、さらに、「街路樹せん定委託その4」では「1277万9000円」で入札した業者が、それぞれ落札することになる。

　この結果、立川市は、「植込地等除草及び清掃委託その2」では「111万6000円」を、「庁舎植栽管理業務委託（長期継続契約）」では「118万9000円」を、「公園緑地管理整備委託（D地区）」では「140万円」を、「西国立駅前広場等基本計画策定業務委託」では「49万円」を、さらに、「街路樹せん定委託その4」では「152万1000円」を、それぞれ節約することが可能となる。

　なお、平成31年度全体では、失格者が復活したケースは上記5件を含めて計10件で、計「1117万6000円」の予算が節約できた可能性がある。

　以上から、立川市は、業務委託の失格基準について、今後の動向を見極めつつその引き下げを検討する必要がある。

図表2−25 業務委託で最低制限価格を「平均価格の80%」に引き下げた場合に失格者が復活するケース（平成31年度）

件名	埋込地等除草及び清掃等委託その2	庁舎植栽管理業務委託（長期継続契約）	公園緑地管理整備委託（D地区）	西国立駅駅前広場等基本計画策定業務委託		街路樹せん定委託その4
予定価格（税抜き）【A】	19,380,000	14,540,000	18,760,000	17,390,000		19,534,000
有効参加者数【B】	14	10	12	27		11
算定数（Bの60%）	9	6	8	17		7
低価格順で算定数分の平均額【C】	15,114,778	11,355,167	12,319,975	10,819,412		15,901,771
最低制限価格（Cの85%）【D】	12,847,561	9,651,891	10,471,978	9,196,500		13,516,505
最低制限価格（Cの80%）【D'】	12,091,822	9,084,133	9,855,980	8,655,529		12,721,416
最低制限価格/予定価格（D÷A）	66.29%	66.38%	55.82%	52.88%		69.19%
最低制限価格/予定価格（D'÷A）	62.39%	62.48%	52.54%	49.77%		65.12%
最低入札価格/予定価格	60.89%	65.00%	54.37%	54.63%		60.66%
落札価格/予定価格	70.00%	73.18%	61.83%	57.45%		73.21%
入札価格	11,800,000	9,451,000	10,200,000	9,500,000	12,700,000	11,850,000
＊白抜きが落札価格	12,450,000	10,640,000	11,600,000	9,990,000	12,800,000	12,779,000
＊太字が復活	12,597,000	11,900,000	11,789,000	10,860,000	12,810,000	14,300,000
	13,566,000	11,980,000	12,194,000	10,880,000	13,030,000	15,600,000
	15,510,000	12,000,000	12,756,800	11,000,000	13,040,000	18,303,400
	17,280,000	12,160,000	13,000,000	11,000,000	14,000,000	19,200,000
	17,400,000	12,200,000	13,320,000	11,330,000	14,000,000	19,280,000
	17,680,000	12,300,000	13,700,000	11,430,000	15,000,000	19,300,000
	17,750,000	12,350,000	14,000,000	11,870,000	15,300,000	19,500,000
	17,800,000	14,400,000	14,900,000	11,900,000	17,000,000	19,500,000
	18,000,000		15,010,000	11,900,000	17,380,000	19,534,000
	18,100,000		18,700,000	11,980,000	17,390,000	
	19,300,000			11,980,000	17,390,000	
	19,380,000			12,000,000		
			12,000,000			

出所：立川市資料を基に筆者作成

174

12 「低入札価格調査制度」をやめ、「変動型最低制限価格制度」に変更して行政コストを大幅に低減させた兵庫県加古川市

1 低入札価格調査制度の問題点

　加古川市は、平成15年7月から、入札改革の一環として郵便応募型一般競争入札制度を導入した。その結果、競争性が著しく高まり、図表2-26のとおり、平成16年度以降、低入札価格件数が総入札件数の7割前後を占めるようになり、低価格での入札が常態化するようになった。

図表2-26　低入札件数の推移

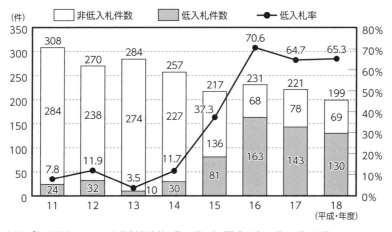

出所：「加古川市における入札制度改革の取り組み」（平成19年1月1日）9頁

　同市は、平成13年度以降、国の低入札価格調査マニュアルに基づく調査を行っていたが、低価格入札の常態化に伴い低入札価格調査に要する事務量が急増した。

　低入札価格調査制度の最大の欠陥は、チェックの基準が明確でないことである。このため、調査の対象となった業者が「この価格でも施工は可能である」と主張した場合、自治体がこれを否定することは極めて困難である。それゆえ、この制度の下では、自治体がより具体的に調査しようとすればするほど手間と時間が掛かり、行政コストを肥大化させる

175

おそれがある。そこで、加古川市は、多発する低価格入札に、低入札価格調査制度で対処することは困難と判断してこれをやめ、新たに変動型最低制限価格制度を導入することにした。

② 加古川市の変動型最低制限価格制度

同市は、平成16年度から、当時、長野県で採用されていた変動型最低制限価格制度を参考に、次図のとおり、独自の変動型最低制限価格制度を構築した。

図表２−27　変動型最低制限価格制度の事務の流れ

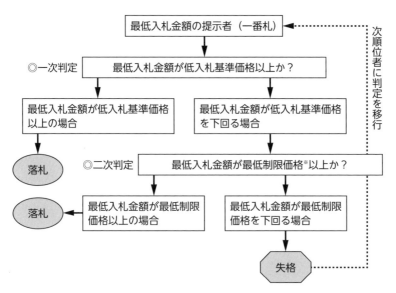

出所：「加古川市における入札制度改革の取り組み」（平成20年１月１日）10頁
注：最低制限価格＝入札価格の上位５分の１及び下位５分の１を除いた入札価格の
　　　　　　　　平均値×90％

同市の変動型最低制限価格制度は、最低制限価格を２段階で判定する仕組みである。すなわち、第１次判定では、最低価格で入札した者（一番札）の入札価格が低入札基準価格以上かどうかで判定する。入札基準価格は、（事前公表されている）予定価格の85％から３分の２の範囲内で決められる。入札価格がこの範囲内であれば落札となり、下回った場

合は第2次判定に移行する。第2次判定では、定められた最低制限価格
以上であれば落札となり、下回った場合は失格となる。

　加古川市は、当初（平成16年4月）、全ての入札価格を平均し、平均
価格の80％（その後90％に変更）を最低制限価格としていた。しかし、
この平均価格の算定方式では、入札参加者が他の業者に「予定価格近く
の価格で入札してほしい」と依頼すれば、平均価格を人為的に引き上げ
ることができるという問題に直面した。

　そこで同市は、入札価格の「上位20％」および「低位20％」を平均
価格の算定対象から除外し、「中位60％」の価格を平均し、平均価格の
90％（その後95％に変更）を最低制限価格にする方式に変更した。

③　加古川市の変動型最低制限価格制度のメリット

　変動型最低制限価格制度の第1の利点は、「くじ引き」が全く生じな
くなったことである。予定価格を事前公表し、これを基準として最低制
限価格を設定している場合、「くじ引き」が横行することが少なくない
が、変動型最低制限価格に変更すれば「くじ引き」はほぼなくすことが
できる。このことは横須賀市や立川市でも実証されている。

　第2のメリットは、開札と同時に落札者が決まるため、低入札価格調
査制度を採用していた頃より行政コストが大幅に削減できたことである。

　第3のメリットは、市場価格（相場価格）に近い最低制限価格を決め
られるようになったことである。加古川市は、人口に比して建設業者の
数が多く、もともと競争が激しいことで有名であり、低価格入札が常態
化していたが、「下位20％」および「上位20％」を平均価格の算定から
除外するという独自の変動型最低制限価格制度を採用することにより、
市場価格（相場価格）に近い最低制限価格を決められるようになった。

　第4のメリットは、変動型最低制限価格制度は、建設工事だけでなく、
とりわけ業務委託において大きな成果が得られることがわかったことで
ある。

13

「工事成績条件付入札」の導入により工事品質を格段に高めることに成功した神奈川県横須賀市

1 制度導入の理由

　前述のとおり入札制度の下では工事品質は「与件」になっている。したがって、発注者があらかじめ示した品質どおりに施工されているかを竣工時に検査・確認した上で引き渡しを受けるのは当然のこと、つまり、工事品質は発注者自らが確保する必要がある。このことを認識した横須賀市は、入札改革を契機に、競争性と工事品質の確保とを両立させるため、検査員をそれまでの4名から11名に増員して抜き打ち検査を含めた厳しい工事検査を行うとともに、平成16年1月から「いい仕事をする業者が報われる」入札制度にするため、工事成績条件付入札を導入した。

2 工事成績が優秀な業者をどう選定するか

　指名競争入札制度の下では、あまり厳しい工事検査は行われなかったから、この時代の検査データはまったく使い物にならない。幸い、横須賀市では、平成13年度以降の検査データが「工事成績評点」として業者ごとに蓄積されていたので、これを使って工事成績優秀業者の選定が行われた。その後データの蓄積がさらに進み、5年間の平均点数（移動平均）が使われている。

　具体的には、過去の工事成績評点が平均点以上の業者に限定した入札が実施されている。こうした工事成績が優秀な業者に限定した入札は、平成16年度には全体の半数程度であったが、平成17年度には60％、平成18年度には70％程度に拡大されている。

3 工事成績条件付入札のメリット

　工事成績条件付入札のメリットは以下の3点である。

　第1のメリットは、優良業者の受注機会が広がったことである。

　図表2－28は、平成16年度の工事成績点数区分別の業者数・受注金額の割合を示したものである。

図表2－28　工事成績点数区分別の業者数・受注金額割合

(単位：%)

	82点以上	77 ～ 82点	70 ～ 77点	70点未満	計
市内業者数	18.3	37.9	33.3	10.5	100.0
業者数累計	18.3	56.2	89.5	100.0	－
受注金額	29.5	49.3	20.2	1.0	100.0
受注金額累計	29.5	78.8	99.0	100.0	－

出所：横須賀市資料を基に筆者作成（平成16年度）

　工事成績が82点以上の業者数は市内業者全体の18.3％にすぎないが、受注金額では約3割（29.5％）を占めており、また、当時の工事成績の平均点である77点以上の業者（市内業者の56.2％を占める）が受注金額の約8割（78.8％）を占めている一方、工事成績が70点未満の業者は市内業者の10.5％を占めるがその受注金額は1％にすぎない。これは、工事成績が優良な業者が優遇されたのに対し、工事成績が良くない業者は市の入札において冷遇されていることを表すものである。

　第2のメリットは、入札参加者が（工事成績評点を維持するため）不得意な工事への入札参加を避けるようになった結果、工事品質が高まったことである。不得意な工事への入札参加を避けるようになったのは、入札参加条件である工事成績評点はそれぞれの業者が受注した様々な工種すべてを平均したものなので、不得意な工事を受注すると平均点が下がってしまい、入札参加機会を狭めるおそれがあるためである。

　図表2－29は、平成13年度以降の横須賀市の工事成績年間平均点の推移を示したものである。工事成績条件付入札を導入した結果、工事成績年間平均点は、平成13年度には77.29点であったが、平成15年度には78点を超え、工事成績が優秀な業者に限定した入札が本格的に導入された平成17年度以降は80点前後を推移するようになっている。工事成績が優秀な業者に限定した入札を実施するようになってから工事成績年

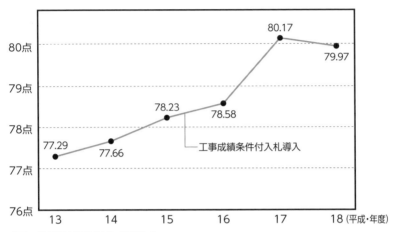

図表２－29　工事成績年間平均点の推移

出所：横須賀市資料を基に筆者作成

間平均点が２点以上上昇したことになる。工事成績条件付入札という
「いい仕事をする業者が報われる」入札制度にすれば、工事品質を高め
ることができるということを実証したものとして注目される。

　第３のメリットは、工事検査部門のステイタスが高まったことである。
工事成績条件付入札では、工事成績評点が重要な意味を持ち、それが建
設業者の利害を大きく左右する。したがって、いい加減な検査を行うと、
建設業者から苦情が出され、場合によっては訴訟に発展するおそれもあ
る。この緊張関係が工事検査の厳格化を促す結果となった。

　また、工事成績条件付入札の導入に伴って、従来どちらかと言えば地
味な職場であった工事検査部門が脚光を浴びる職場に変化し、検査員の
士気も上がっているという。

14

「ワーキング」や「15か月予算」により工事品質の確保と検査業務の平準化を図る鹿児島県薩摩川内市

1 合併を機にスタート

　薩摩川内市の入札改革は、合併を機に実施されたもので、工事品質の確保を最も重視する点に特徴がある。とりわけ、①請負者・監督員・検査員が工事の品質をいかに向上させるかを話し合う「ワーキング」の実施、②いい仕事をした業者を表彰する「優良業者表彰制度」の創設、③年度末に工事検査が集中するのを避けるための「15か月予算」の導入などが注目される。

2 入札改革の4段階

　同市の改革は以下の4段階に分けて行われた。

・第1段階……合併を機に、工事の発注部門とは切り離した組織である「工事検査監」（部長級）と「契約検査課」を設置し、それまでバラバラであった工事検査水準の統一を図った。
・第2段階……工事検査の厳格化に伴って設計・積算の問題点が浮き彫りになったため、設計積算段階における審査を厳格化した。
・第3段階……合併から3年が経過した平成19年度から条件付一般競争入札と郵便入札を導入した。
・第4段階……監督員を現場に派遣し、現場の技術力を引き出す方策として「ワーキング」と称する意見交換会を始めた。

3 入札改革による成果

　薩摩川内市は、落札率が平均85％未満の低入札価格工事に対する監督を強化し、検査を厳格化した。その結果、落札率85％未満の工事（70件）の平均評定点は68.35点となり、落札率が85％以上の工事（48件）の平均評定点67.23点と比較すると、前者の工事評点が1点以上も

高くなった（図表2－30参照）。このことは、工事検査を厳しくすれば、工事品質は確実に向上し「安かろう・悪かろう」にはならないことを実証するものであり、注目される。

図表2－30　落札率と工事成績評定点との相関（平成19年度）

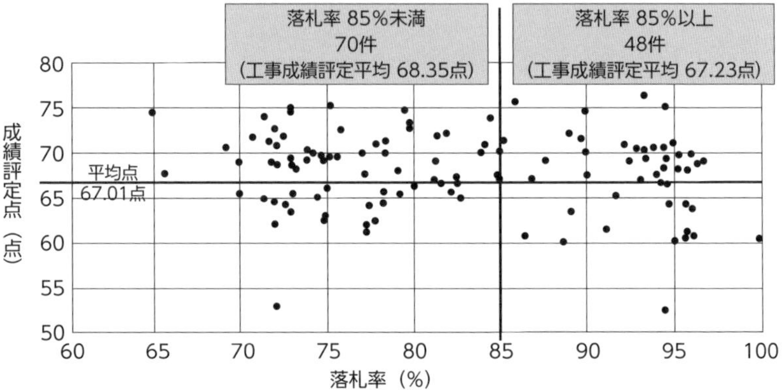

出所：薩摩川内提供

　設計審査を厳格に行った結果、例えば、A現場では土を捨てているのにB現場では新しい土を買っているなど平成18年度中に192件の要改善点が見つかった。これらを改善した結果、事業費ベースで3億5500万円の建設コストが節約された。

　また、図表2－31のとおり、指名競争入札が主流であった平成18年度の平均落札率は94.94％であったが、条件付一般競争入札が主流になった平成19年度には平均落札率が88.15％となり6.79ポイント低下した。

図表2－31　条件付一般競争入札導入前後の落札率の状況

	入札執行件数			平均落札率		
	計	指名競争	一般競争	計	指名競争	一般競争
平成18年度	749件	740件	9件	94.94%	95.25%	79.79%
				↓平均落札率は6.79ポイントのダウン		
平成19年度（11月末）	358件	27件	331件	88.15%	95.06%	86.76%

出所：薩摩川内市提供

4　ワーキングの実施

① ワーキングを始めたねらい

　工事の品質向上のためには、施工のプロセスにおける十分なチェックと確認（検査）が重要である。そこで、薩摩川内市は、現場の技術者の意見を取り入れた品質向上策（マニュアル）やそれに伴う積算基準を作成することにした。国や県の工事規模に合致しない小規模な工事が多いこともあり、請負者・監督員・検査員の３者が意見交換をする場（これをワーキングという）を設けることにした。ワーキングを設けることにより、施工プロセスの監督が強化され、工事品質の確保に役立つと考えている。

② ワーキングにおいて何が行われるか

　監督員・検査員が工事現場に赴いて現場代理人を加えた３者でワーキングを行う。ワーキングのテーマは、現場代理人と監督員が関心を持っている事柄の中から選ばれる。ワーキングは数回行われ、テーマごとに課題が集約される。課題は、一定期間、現場で試行された後、市によってマニュアル化されることになっている。

③ ワーキングを実施した成果は何か

　ワーキングを実施した成果は以下の３つである。

　第１は、発注者側（監督者・検査員）と請負者側（現場代理人）が互いに要望をぶつけ合うことで技術力がアップし、高品質のものが調達できるようになったことである。

　最近、発注機関が、受注業者との癒着を防ぐ観点から、職員が受注業者と接触することに神経質になっており、そのため発注機関の要望等が現場に届かなくなっただけでなく、現場の要望等も発注機関に届かなくなったと指摘されているが、こうした弊害の克服策として、ワーキングの成果は大いに参考になるだろう。

　第２は、ワーキングを通じて監督員や検査員が現場をよく知るように

なったことである。その結果、監督員と工事現場との意思疎通が深まり事務が効率化されただけでなく、監督員が現場代理人と協働して現場を仕上げるという意識を持つようになった。

　第3は、「監督員や検査員が現場に出向いてこない」という、従来多く見られた批判が全くなくなったことである。

5 工事成績優良業者表彰制度

① この制度を導入した理由

　薩摩川内市では、「いい仕事をする業者が報われる仕組み」の一環として、工事成績優秀者については「ランクアップ」と称して1級上のランクの工事にも参加できるようにしているが、これに加えて平成19年度からは、「公共工事の適正な施工の確保と技術力の向上に資するため」、優良な建設工事を施工した企業および技術者を表彰することにした。

② 優良施工業者をどのように選定するのか

　選考の基準は、おおむね、(i)当該年度における評定点の平均が全工事の評定点の平均以上であり、最優良建設工事施工企業および優秀技術者については、工事成績評定点が80点以上であること、(ii)表彰対象年度内の受注工事の評定点に65点未満のものがないことの2点である。

③ 優良施工業者はどのように優遇されるのか

　平成19年11月20日に行われた「平成19年度薩摩川内市優良建設工事施工企業等表彰式」において、平成17年度に発注した建設工事（653件）の中から最優良施工企業1社・技術者1名および優良施工企業6社（6業種各1社）が、平成18年度に発注した建設工事（688件）の中から優良施工企業8社（8業種各1社）が選定され、表彰状が渡された。

　優良施工業者として表彰を受けた企業や技術者については、どの点が優れていたかを具体的に示して公表するほか、以下の優遇措置を受けることができる。

ア （技術者の場合）総合評価方式の入札において、本人が現場代理人

等として配置される場合に評価の加点対象となる。

イ　（企業の場合）中間検査が免除される。

ウ　図表2−32のようなシールを、事務所・現場・社用車・従業員のヘルメットなどに貼付したり、名刺に印刷・貼付したりすることができる。また、図表2−32のような旗を作り、事務所に掲示することができる。優秀技術者についてもヘルメットに表示を貼り付けることができる。

　　なお、表彰を受けるたびにシールの「優」の字の横の「★」が一つ増やされる（例えば、3年間連続して表彰を受けると★★★になる）が、途中で途切れるとまた振り出しに戻ることになる。

図表2−32　優良施工業者の表示（シール・旗）／優秀技術者の表示（ヘルメット）

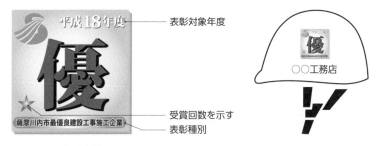

出所：薩摩川内市提供

⑤　優良施工業者を表彰するメリット

　受賞企業・技術者は、表彰が励みとなって、誇りを持って仕事に取り組むようになったほか、受賞できなかった企業・技術者も目標に向かって努力するようになった。

⑥　薩摩川内市の今後の方針

　工事品質をさらに向上させるとともに「いい仕事をした業者が報われる」ようにするため、蓄積された工事成績評定点を活用した工事成績条件付一般競争入札の導入を検討している。

6 15か月予算制度

① 導入の経緯

　従来の財政運営では、当初予算で財源不足額を財政調整基金から繰り入れ、補正予算で執行残を減額して基金に積み増すというパターンを繰り返していた。このパターンだと、入札執行が下期に集中し工事完成が年度末に集中するという問題があった。

　図表２−33は、薩摩川内市の平成18年度の工事検査件数・工事成績評定点を月別に見たものである。総検査件数819件のうち８割強が年度後半に集中し、年度末の３月は１か月で年間検査件数の半数近く（47.1％）が集中していることがわかるほか、工事成績評定点の最高・最低の幅を見ると、検査件数の少ない年度はじめ（４・５月）の最高・最低の幅が小さいのに対し、年度末（２・３月）には最高・最低の幅が急拡大していることがわかる。

図表２−33　検査件数と工事成績評定点の月別推移（平成18年度）

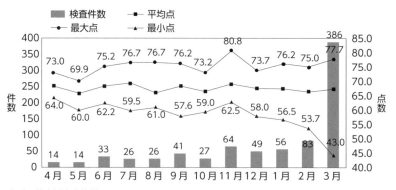

出所：薩摩川内市提供

　年度末に工事完成が集中することに伴う年度末の検査件数の集中により、２つの弊害がもたらされることが考えられた。

　１つ目は、年度末に工事検査が集中するため、工事検査部門の人員だけでは検査業務をこなすことができず他部の応援を必要とするため、年度末は不慣れな職員が検査をすることも少なくなく、検査能力の差が工

事成績評定のバラツキとなって現れるという弊害である。2つ目は、年度末に工事完成が集中すると業者が工期に間に合わせようと急ぐため、どうしても品質の悪いものが出来上がるという弊害である。

　工事の発注を平準化すればこうした弊害が解消されるとして、15か月予算が編成されることになった。

② 具体的にどのように予算を組むのか

　平成18年度までは、前述のとおり、補正予算で執行残を減額し、基金に積み立て、翌年度の当初予算で財源不足額を基金から繰り入れるという方法を繰り返していた。

　15か月予算制度を導入した平成19年度からは、12月の補正予算において当該年度における執行残（主に入札差金）をもとに、住民ニーズが高い道路補修に要する経費について翌年度当初予算の一部を前倒し計上、つまり、3か月の補正予算と翌年度の12か月予算を合わせて15か月予算にしている。予算計上と同時に繰越明許費の設定をし、翌年度第1四半期を目途に執行するのである。これを図示すると図表2−35のようになる。

③ 期待されるメリット

　15か月予算制度に期待される効果は、大きく分けて3つある。

　第1は、期間が4〜6月まで延びるので、年度末の検査集中が緩和され、工事成績評定点のバラツキを小さくできるだけでなく、検査に間に合わせるための粗雑な工事などを防ぐことができることである。

　第2は、第1四半期の事業量が増加するので、事業者は、年度初めに仕事がないという状態が解消でき、経営安定に役立つことである。

　第3は、年度末の工事集中による一般市民の不便さも解消されることである。

図表２－34　15か月執行予算を編成する前後の予算編成の仕方の相違

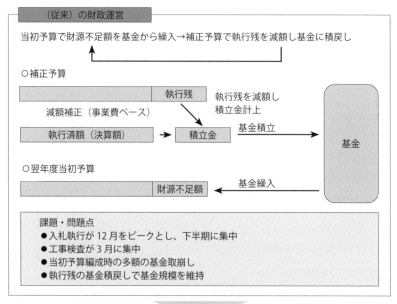

（従来）の財政運営

当初予算で財源不足額を基金から繰入→補正予算で執行残を減額し基金に積戻し

○補正予算

| | 執行残 |

減額補正（事業費ベース）　執行残を減額し積立金計上

| 執行済額（決算額） | → | 積立金 | 基金積立 |

基金

○翌年度当初予算

| | 財源不足額 | 基金繰入 |

課題・問題点
● 入札執行が 12 月をピークとし、下半期に集中
● 工事検査が 3 月に集中
● 当初予算編成時の多額の基金取崩し
● 執行残の基金積戻しで基金規模を維持

変更後

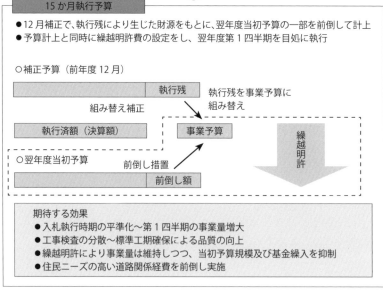

15 か月執行予算

● 12 月補正で、執行残により生じた財源をもとに、翌年度当初予算の一部を前倒して計上
● 予算計上と同時に繰越明許費の設定をし、翌年度第 1 四半期を目処に執行

○補正予算（前年度 12 月）

| | 執行残 |

組み替え補正　執行残を事業予算に組み替え

| 執行済額（決算額） | 事業予算 |

繰越明許

○翌年度当初予算

前倒し措置

| | 前倒し額 |

期待する効果
● 入札執行時期の平準化〜第 1 四半期の事業量増大
● 工事検査の分散〜標準工期確保による品質の向上
● 繰越明許により事業量は維持しつつ、当初予算規模及び基金繰入を抑制
● 住民ニーズの高い道路関係経費を前倒し実施

出所：薩摩川内市提供

15 「松阪方式」でごみ処理施設建設を発注することにより100億円超の入札差金を得ることに成功した三重県松阪市

1 独自の「松阪方式」

　松阪市は、平成24年1月、「松阪方式」とも言うべき独自の入札方式を採用し、「ごみ処理施設建設工事」と「20年間の運転維持管理業務」とを一括して発注した。この入札では、川崎重工業㈱が予定価格219億円（税抜き）のところ119億7000万円（落札率54.66%）で落札し、同市は、税込み104億2650万円の入札差金を得ることに成功した。

　「松阪方式」のポイントは、おおむね、以下の7項目に整理できる。

①発注能力の不足を補うために「その道の専門家」を積極的に活用
②「ごみ処理施設建設工事」と「20年間の運転維持管理業務」とを一括して発注する「一括発注方式」を採用
③国が推奨する「技術提案評価型・総合評価方式」を採用せず、「条件付一般競争入札」を採用
④達成する性能等の基準を示し、これをいかに達成するかは業者に一任する「基準仕様書発注方式」を採用
⑤他自治体の契約価格等を参考に予定価格を設定する「他事例参考型予定価格設定方式」を採用
⑥発注仕様書等に対する業者の質問およびこれに対する回答を市のホームページに公開し、発注者・業者間、および、業者間の情報の共有化を図る「質問・回答情報共有方式」を採用
⑦技術審査を、入札後に、第1落札候補者1社に限って行う「事後技術審査方式」を採用

　以下、「松阪方式」のポイントについて詳しく紹介する（「松阪方式」のより詳しい解説は、『公共入札・契約手続の実務』（学陽書房、平成25年、190頁以下）を参照されたい）。

2 「その道の専門家」の有効活用

　一般廃棄物処理は、「廃棄物の処理及び清掃に関する法律」で市町村固有の事務とされており、自治体にとって最も重要な業務の1つである。とりわけ、ごみ処理の最終段階を担う「ごみ処理工場」の建設は、自治体の税収の何年分かを費消する大規模事業であり、その発注事務は何十年に1度しか発生しないという特質を有する。それゆえ、ごみ処理施設建設工事を発注する自治体の中に、業者と対等に交渉し得る職員がいる可能性はまずない。

　入札は、発注者が業者に「どのような仕事をしてほしいか」を具体的に示し、これを見た業者が「その仕事ならばこの金額で請け負うことができる」と応答し、最も効率的にその仕事を仕上げることができる業者にその仕事を任せる仕組みであるが、ごみ処理施設建設工事に関して「どのような仕事をしてほしいか」を具体的に示すことができる職員がいないという問題にまず直面する。この「発注能力の不足」の問題を解決するためには「その道の専門家」の助けを求める必要がある。

　松阪市は、新しいごみ処理施設建設工事を発注するに当たり、平成22年4月、契約実務を永年経験した磯田康一氏（清掃工場建設プロジェクトマネジャー）をキャップとする「清掃工場建設室」を設置した。着任した磯田氏がまず着手したのが、2つのタイプの「その道の専門家」探しである。

　第1の専門家は、まず、廃棄物部門を有する建設コンサルタントであり、①一般廃棄物処理施設建設に関する基本計画書の作成、②工事発注に係る仕様書の作成等の業務を委託することにした。

　第2の専門家は、ごみ処理施設の建設や入札制度に詳しい学識経験者であり、「松阪市ごみ処理施設建設専門委員会」（以降「委員会」という）の委員を委嘱し、①ごみ処理施設の機種選定、②入札・契約手続における公平・公正性確保のための支援・監視、③仕様書の作成支援・技術審査等を担当してもらうことにした。

　コンサルタントは、全国を対象とした制限付一般競争入札により選定

したが、問題は学識経験者の選定であった。この際、磯田氏が最も重視したのが「特定のメーカーや焼却方式の色が付いていない中立的な立場で助言してくれる専門家を選ぶ」ことであった。同氏は、全国を渡り歩き学識経験者を探し求めた結果、京都大学名誉教授の武田信生氏、（財）ひょうご環境創造協会資源環境部参事の足立義弘氏、四日市大学環境情報学部特任教授の高橋正昭氏、それに入札制度に詳しいという理由で筆者の4名を委員に選んだ。

委員会での議論を聞いた筆者の実感は、ごみ処理研究の第1人者と称される武田氏と兵庫県西宮市でごみ処理施設建設工事の発注を複数回経験したという稀有な存在である足立氏が、ごみ処理問題およびごみ処理施設建設工事発注に関し高度かつ豊富な知見を有しており、この2人が居なかったならば「松阪方式」の成功はおぼつかなかっただろうということである。

磯田氏が、後に「『松阪方式』の成功は、高い知見を有する『その道の専門家』を探し当てたことにある」と述べていたが、筆者も同感である。

③　建設工事と20年間の運転維持管理業務の一括発注

入札実務に携わる自治体職員の悩みの1つが、ある装置の運転維持管理業務や出来上がったシステムの改修業務を発注する際、その装置を建設した業者やそのシステムを開発した業者又はその関連企業しか入札に参加せず、競争性の確保が難しいという問題である。ごみ処理施設の建設工事（A）とその運転維持管理業務（B）とを同じ業者が担当したほうが合理的と考えられている場合に「ロックイン状態」が発生する。この場合、Bの入札に参加するのはAを担当した会社かその関連会社ということになり、競争性が確保できない。この問題を解決するため、「建設工事（A）」と「20年間の運転維持管理業務（B）」とを一括して発注する方法が発案され、これを松阪市が採用した。

Aの取引とBの取引とを一括して発注すれば、①建設工事だけでなく、毎年発生する運転維持管理業務、約15年後に発生する大規模改修等に

ついても競争に晒すことができ、さらに、②20年間に発生する改修費用を節約するために「堅牢な炉を作ろう」というインセンティブが働くと考えられる。

磯田氏は、後に「建設工事と20年間の運転維持管理業務とを一括発注したことにより、契約金額、とりわけ運転維持管理業務に要する金額を大幅に削減することができた」「運転維持管理業務に要する金額を5年ごとに見直す旨を契約上明確にしたことで、業者に『安心して見積もることができた』と評価されただけでなく、改定作業を担当するであろう後任者に基準を示すことができた」と述べている。

4 総合評価方式の不採用

「廃棄物処理施設建設工事等の入札・契約の手引き」(環境省大臣官房廃棄物・リサイクル対策部、平成18年7月作成。以降、「環境省手引き」という)は、ごみ処理施設建設工事の発注に際し、技術提案評価型・総合評価方式を採用することを推奨している。ごみ処理施設建設工事は多大な費用を要するので政府(環境省)の補助金を受ける必要がある。その環境省が「技術提案評価型・総合評価方式」を推奨しているので、多くの自治体がこれを採用しているのが実情である。

しかし、松阪市は、あえてこの方式を採用せず、一般競争入札によりごみ処理施設の建設工事を発注した。技術提案評価型・総合評価方式を採用することについて、いち早く反対を表明したのが市議会の特別委員会であった。同委員会の委員らは、最近ごみ処理施設建設の発注を経験した数自治体を視察した結果、わずかな点数で落札者が逆転し、高い価格を付けたものが落札者になるなど同方式には問題点が少なくなく、採用すべきではないと判断した。

また、「環境省手引き」は、入札前の発注担当者と業者との接触をむしろ推奨している。しかし、入札前に、本来緊張関係にあるべき業者と発注担当者とが接触すれば、根拠のない噂を流されたり、痛くもない腹を探られたりするので「できれば避けたい」というのが発注担当者の真意であり、また、自治体にとっても両者の接触を避けたほうが不祥事を

未然に防止し得る。

　これらの視点から、松阪市は、技術提案評価型・総合評価方式を採用しないことにし、発注担当者に対し、開札まで業者と接触しないよう厳命した。

　磯田氏は、後に「技術提案評価型・総合評価方式を採用しなかったことにより、業者が負担する入札コストをかなり縮減することができ、入札参加が容易になった」「発注担当者の手間が省けただけでなく学識者による技術審査等、多くの作業が不要になり、行政コストが大幅に縮減できた」「発注までの期間（日数）が短縮化できた」「議会等への説明責任が明確化された」と評価している。

5　「基準仕様書発注方式」の採用

　ごみ処理施設は、焼却方式の違いから複数の機種があるが、松阪市は、広く普及している「ストーカ式焼却炉」を選択した。発注に際し、「どのような仕事をしてほしいか」を可能な限り発注仕様書に記載するのが「大原則」であるが、松阪市は、求める性能・技術等の基準を発注仕様書で示し、これをいかに達成するかは業者に一任する「基準仕様書発注方式」を採用することにした。これは、詳細な発注仕様書を作成しようとすればするほど、特定メーカーの技術に触れざるを得ないという問題があるからである。なお、この「基準」は、コンサルタント業者が原案を作成し、委員会の審議を経て成案化された。

　磯田氏は、後に「『基準仕様書発注方式』の採用により、各業者が独自に開発した技術（知的財産権）で入札参加が可能になり、入札参加者が限定されないメリットがあった」と述べている。

　ただし、「基準仕様書発注方式」は本件特有の事情から採用されたものであり、通常の入札では発注内容を詳細に示す必要がある。

6　「他事例参考型予定価格設定方式」の採用

　予定価格をいかに設定するかは、発注担当者にとって重要な仕事の1つであり、しかも、大規模事業ほど多大な行政コストを必要とする。

「環境省手引き」は、「発注能力の不足」を認め、業者から情報を得た上で予定価格を決めるよう推奨している。

民間企業で多用されている「見積合わせ」の場合も業者に見積書の提出を求めるが、この場合、業者は「低い価格を提示すれば受注にありつけるかもしれない」と考えて競争価格を提示する。しかし、発注官庁の「予定価格設定のための見積依頼」とわかれば、依頼を受けた業者が割高な価格を提示するリスクがある。したがって、予定価格設定のために業者から見積書を徴するのはやめたほうがよい。

松阪市は、この観点から、最近ごみ処理施設を建設した数自治体にその契約価格等を問い合わせ、これらを参考に予定価格を「219億円」に設定した。

磯田氏は、後に「この方法で予定価格を決めることに不安の声が一部にあったが、最終的にはトップの決断で実行された」「議会には、『競争を通じて決まった価格が適正価格である』との判例（東京都水道メーター談合事件：東京高判平成9年12月24日判例時報1635号36頁）の考え方に基づき、他自治体の契約状況を十分調査して決める旨を説明し了承を得た」「緊張関係にある業者からの見積り徴収を避けたのは正しかったと思う」と述べている。

7 「質問・回答情報共有方式」の採用

業者は、発注者が作成・公表する「発注仕様書」等を見て見積作業を行う。しかし、発注仕様書には「書ききれない部分」が残ることが少なくない。それゆえ、真剣に見積作業を行う業者ほど、発注仕様書等への質問が多くなる傾向がある。業者は、質問に対する発注者の回答を見て、発注者との「情報格差」を解消することができる。

また、このやり取りを通じて、業者間の「情報格差」が解消される結果、入札の透明性が確保されるほか、業者間の自由かつ公正な競争が確保される条件が揃うことになる。

この観点から、松阪市は、発注仕様書等に対する業者の質問およびこれに対する回答を市のホームページで公開し、発注者・業者間、および

業者間の情報の共有化を図る「質問・回答情報共有方式」を採用することにした。

　磯田氏は、後に「入札参加予定者5社から452件もの質問が寄せられた。質問内容によっては業者が特定される懸念があったので、公開する際、その取扱いにとりわけ注意を払った。他の入札案件にもこの方式を取り入れるべきだと思った」と述べている。

8　「事後技術審査方式」の採用

　前述の「環境省手引き」では、入札前に、業者から技術提案書を提出させ、ヒアリングをした上で、これを審査して改善点を指導することが推奨されている。この手順を経ることによって、発注担当者に「どのような仕事をしてほしいか」の情報を得る機会にし、「発注能力」のなさを補うということであろうか。学識経験者の助けを得るにしても、発注能力に劣る発注担当者に「改善指導」などできるのか疑問である。

　また、「技術提案書」を提出しない業者は実質的に入札に参加できないことになるから、入札前の段階において入札参加者が特定されることになる。これでは、誰でも一定の能力があれば入札に参加し得るという一般競争入札の趣旨にそぐわないし、不祥事発生の原因にもなりかねない。さらに、「技術提案書」の作成やヒアリングへの対応等で業者に多大なコストを負担させるほか、発注自治体にも多大な行政コストを負担させることになる。

　松阪市は、これらの弊害を除去するため、技術審査を、入札後に第1落札候補者に限って行う「事後技術審査方式」を採用することにした。

　磯田氏は、後に、「『事後技術審査方式』を採用することにより、行政コストが大幅に縮減できただけでなく、1社に絞って綿密な技術審査を行うことができたというメリットがあった」とし、さらに、個人的にも「他社の提案と比較しなくてよいので、非常にすっきりとした気分だった」と発注担当者の実感を述べている。

9 「事後技術審査方式」のその後

　最後に、同市のごみ処理施設の稼働状況を紹介しよう。

　「松阪市クリーンセンター稼働実績一覧表〜平成27年度〜」によれば、ごみ処理施設に併設された発電設備において、平成27年4月から平成28年3月までの1年間に約2040万KWHが発電され、この約7割に相当する約1428万KWHを中部電力に売電し、松阪市は約2億1668万円の売電収入を得た。一方、同市は、運転維持管理業務を担当した川崎重工業（株）に約2億2934万円を委託料として支払った。つまり、同市のごみ処理施設運転維持管理業務の実質的な負担額は1266万円（委託料の約5.5%）に過ぎなかったことになる。

　松阪市は、川崎重工業（株）に対し、売電額の10%を「インセンティブ費」として支払う旨約束をしている。当初、同社は「インセンティブ費」として年間870万円程度を見込んでいたとされるが、実績はその2.5倍の約2167万円になり、「嬉しい誤算」になった。

　このように、予想以上の売電収入を生み出したのは、ごみを上手に燃やして発電量を増やせば増やすほど川崎重工業（株）の収入が増えるという「インセンティブ費」の仕組みを取り入れたことが大きいと考えられる。

16 新清掃工場建設工事発注に当たり、業者との入札前の接触を完全に絶ち、「公正さ」を徹底した東京都立川市

1 成果の出た入札結果

　立川市は、新清掃工場の建設に当たり、「松阪方式」（189頁参照）を参考にして建設工事と20年間の運転管理業務とを一括発注するとともに、国が推奨する技術提案評価型・総合評価方式を採用せず、条件付一般競争入札の方法で発注した。平成31年１月29日に行われた本件入札には３社グループが参加し、次表のとおり、荏原環境プラント㈱を代表とするグループが総額167億9000万円（税抜き。落札率75.56%）で落札し、立川市が得た落札差金は税込み約55.3億円であった。

　本件入札では、入札談合や業者との癒着等不祥事の未然防止と発注事務の効率化を図る観点から様々な「手立て」が講じられた。以下では、これらの「手立て」を具体的に紹介する。

図表２－35　立川市新清掃工場整備運営事業入札結果

件名：新清掃工場整備運営事業
予定価格　23,997,600,000 円（税抜 22,220,000,000 円）
変動型最低制限価格 15,821,730,000 円（税抜 14,649,750,000 円）
契約金額　18,469,000,000 円（税込）　落札率　75.56%
決定業者　荏原環境プラント株式会社　東日本営業部（代表企業）

代　表　企　業　名	入札金額（税抜）
荏原環境プラント株式会社　東日本営業部	16,790,000,000 円
日立造船株式会社　東京本社	17,680,000,000 円
三菱重工環境・化学エンジニアリング株式会社サービス事業部	21,666,000,000 円

出所：立川市提供

2 入札前における業者との接触等の禁止

「環境省手引き」によれば、入札前において入札参加予定業者（以降「業者」という）から技術提案・見積書の提出を求めるとともに、これらを審査するため、業者に対しヒアリング等を行うとしている。つまり、「環境省手引き」は、入札前に業者と接触することを制限するどころか、むしろ奨励している。

しかしながら、立川市は、従来から、発注担当者と業者との癒着を防止する観点から、入札前の業者との接触を控えるよう発注担当者を指導してきており、大規模案件である新清掃工場建設工事では、とりわけ公正さが求められるとして、入札前に業者と接触しないよう発注担当者に厳命した。

また、第三者機関として設置された「新清掃工場事業者選定審議会」（以降「審議会」という）の委員に対しても、立川市新清掃工場事業者選定審議会設置条例において、「委員は、職務上知り得た秘密を漏らしてはならない。その職を退いた後も、また同様とする」「委員は、特定の企業及び個人に対する便宜及び利益誘導の要請、依頼等の働きかけを受けた場合は、直ちに市長に報告しなければならない」旨規定し、機会あるごとに審議会の委員にその遵守を求めた。

さらに、業者に対しても、入札説明書において、「応募者が、落札者決定・公表までに、審議会の委員に対し、落札者選定に関して自己に有利に、又は他者を不利にする目的のために、接触等の働きかけを行うことを禁じる。また、審議会の動向等について聴取することも禁じる。これら禁止事項に抵触したと市が判断した場合には、当該応募者は本事業への入札参加資格を失う」旨明記し、その遵守を求めた。

最近の新聞報道によれば、ある政府機関において、発注担当者が入札前に特定の業者と情報交換をしていたことが判明し、「当該業者と癒着していたのではないか」との疑念が生じているとのことである。しかし、立川市では、以上の配慮により、新清掃工場建設工事の入札を巡る不祥事は一切生じておらず、「公正さ」が徹底された。

　立川市は、平成30年10月 2 日、入札公告と入札説明書等を公表し、業者から市のホームページを用いて入札説明書等に対する質問を受け付けたところ、業者からのべ424件にものぼる多様な質問が寄せられたという。このように数多くの多様な質問が寄せられた状況から、業者が真剣に見積もった様子が窺われ、本件入札において「談合はなかった」と断言できる。

③　市長の入札への不関与

　業者が「市長が市の入札・契約実務に関与している」と認識した場合には、その業者は自己に有利になるよう市長に働きかける余地が生まれ、市長が入札・契約を巡る不祥事に巻き込まれる可能性がある。それゆえ立川市では、市長は、新清掃工場建設工事の入札を巡って、市議会で本件に関する議案説明は行ったが、入札実務上の関与はしなかった。

　直接選挙で選ばれる市長は、選挙で支援をしてくれた業者からの働きかけを無下に断ることは難しい。それゆえ、市長が入札実務に関与しないことを業者に知らしめ、業者に「市長に働きかけても無駄だ」と認識させることが肝要である。そうすれば、仮に、業者から働きかけがあっても「自分は入札・契約実務に関与していない」と明確に断ることができるので、市長にとっても好都合であろう。

④　総合評価方式の不採用

　「環境省手引き」が推奨し、ほとんどの自治体が採用している技術提案評価型・総合評価方式は、技術点の評価項目および配点、審査基準等に客観的で明確な基準を設けることが難しく、加えて、発注者の恣意性が入り込むおそれがあることが指摘されている。立川市は、新清掃工場建設工事の事業者選定には高い客観性、透明性、公平・公正性を求めるとともに、市民や議会等に対して十分な説明責任を果たすことが重要と考え、松阪市と同様、同方式は採用せず、価格のみによる条件付一般競争入札により発注することにした。

　立川市は、同方式を採用しないことにより、業者選定過程において行

政の恣意性が入り込む余地をなくした結果、入札結果が明確になり、技術提案評価型・総合評価方式を採用した場合に生じがちな「出来レースではなかったのか」といった批判を封じること、および、発注事務全体を効率化・省力化することに成功したとといえる。

5　建設工事と20年間の運転維持管理業務の一括発注

　立川市は、新清掃工場建設工事の発注に当たり、「松阪方式」（182頁参照）を踏襲し、建設工事と20年間の運転維持管理業務の一括発注を行うこととした。

　「松阪方式」の項（189頁）でも紹介したが、ごみ処理施設の建設工事（A）とその運転維持管理業務（B）とを同じ業者が担当したほうが合理的だと考えられているため、両者は「ロックイン」の状況になり、競争性が損なわれることが多い。「ロックイン」の状況では、「運転維持管理業務」発注時には「ロックイン」された事業者からの見積りに基づき予定価格を設定することとなり、行政側でその価格が適切なものであるかどうかを判断することが難しい。

　立川市は、建設工事と運転維持管理業務とを一括発注することにより、①清掃工場整備運営事業全体を競争に晒し、②契約金額を適正なものにすることができる。また、③受注業者にとって、適切なリスク分担による運転維持管理業務を前提に施設整備を行い「20年間の運転維持管理業務」を安定的に行うことができるというメリットがあったとしている。

　運転維持管理業務経費の中には「20年間に必要な炉の補修費」も含まれている。これにより、受注業者が「補修費が掛からない炉を作ったほうが得になる」と認識し、建設段階から「堅牢な炉を作ろう」というインセンティブが働くことが期待される。

　さらに、「運転維持管理業務」費用の大部分は労務費であるから、立川市は、5年に1回これを見直すことにし、見直しの際には、「新清掃工場整備運営事業運営業務委託契約書」の「運営業務委託料の改定」の項で、厚生労働省の毎月勤労統計調査の「賃金指数（現金給与総額）／調査産業計」に基づくことを約束している。こうした「基準」をあらか

じめ提示しておけば、5 年ごとに訪れる改定事務をスムーズに行い得る
だろうから、受注業者にとっても、また、改定時点の発注担当者（つま
り後任者）にとっても好都合であろう。

6　変動型最低制限価格の設定

　立川市は、建設工事および一定の条件を具備する業務委託について、
変動型最低制限価格制度を採用しており、新清掃工場建設工事の入札に
おいても採用することにした。

　本件入札では、予定価格222億2000万円（税抜き。以下同じ）が事前
に公表されていた。前述のとおり、荏原環境プラント㈱グループが167
億9000万円、日立造船㈱グループが176億8000万円、三菱重工環境・化
学エンジニアリング㈱グループが216億6600万円でそれぞれ入札した。
入札価格の低いほうから60％（2 社）の平均価格は172億3500万円で、
この「85％」に相当する146億4975万円が最低制限価格に設定された。
荏原環境プラント㈱グループの入札価格が最低制限価格を上回っていた
ため、同社が第 1 落札候補者となり、技術審査を経て落札業者に決定さ
れた。

　3 社の入札価格を見ると、1 社は予定価格に近い価格を提示して落選
したが、他の 2 社は予定価格を意識せず、「相場価格」近くの価格で激
しく競っており、このことからも、本件入札において「談合はなかった」
と断言できる。

7　事後資格審査方式の採用

　立川市は、従来から、入札参加資格を満たしているかどうかの審査対
象を第 1 落札候補者 1 社に限定する「事後資格審査方式」を採用してお
り、新清掃工場建設工事の入札においてもこれを採用することにした。
同市は、事後資格審査方式の採用により、第 1 落札候補者である荏原環
境プラント㈱グループの資格審査を開札後に慎重に行うことができ、し
かも審査期間が短縮できたと評価している。また、技術審査についても、
入札後、第 1 落札候補者である荏原環境プラント㈱グループに対して、

審議会の委員がヒアリング等を行う方法で実施された。

8 残された課題

① コンサルタント業者選定の重要性

「環境省手引き」は、前述のとおり、清掃工場建設工事の発注に際し、業者から技術提案や見積書を提出させ、ヒアリング等の「技術対話」を行うことを奨励している。つまり、発注担当者の発注能力の不足を業者との「技術対話」で補うことを期待している。しかし、立川市は、入札前における業者との接触を完全に遮断したため、この「技術対話」をすることができない分、コンサルタント業者に依存する度合いが増え、この役目を果たし得るコンサルタント業者選定の重要性が改めて認識されたとしている。

一般競争入札は、一定の能力を備えた者であれば誰でも入札に参加し得る仕組みであるから、「一定の能力を備えている」ことは大前提である。発注者はこの必要な条件を具備しているか否かを慎重に吟味し、入札参加を認める必要がある。入札公告の際、「入札参加者の資格」つまり「一定の能力を備えていること」を明記し、これを証明する書類を提出させるのは、その「吟味」をするためである。この「吟味」は、入札前に行う必要はなく、開札後、第一落札候補者に限って行えば足りる。

② コンペ方式による「建築意匠」の決定

新清掃工場は、市民の共有財産であり、市民にとって馴染みの深い建物であるから、できれば付近の環境にマッチした自慢のできる「建築意匠」を採用してほしいと考える市民も少なくないと考えられる。しかし、新清掃工場の建設業者は、いわゆる「プラントメーカー」であり、建築の専門家ではないから、市民の希望に添った「建築意匠」を採用するかどうか不確かである。

そこで、市民が望むような清掃工場を建てたいのであれば、まず、市民の要望を徴したうえで、これを踏まえた市の基本的コンセプトをあらかじめ公表し、設計者から優れたアイディアを募る「コンペ」を行うこ

とが考えられる。

　多数の作品が提案された場合には、第 1 次選考で 5 点程度の作品を「佳作」として選び、第 2 次選考では、作者に作品の模型等を用意してもらい、市民公開の場で「プレゼン」を実施した上で、最優秀作品に選ばれた作品の作者に詳細設計を依頼するとともに、「建築意匠」の監理を依頼するのが適当である。なお、この場合、「佳作」も含めて入選者に賞金を授与するとともに、入選者を市のホームページで公表すれば、入選者はその旨を PR に使うことができるので入選者にメリットを与えることができる。

③　技術審査に必要な書類の提出

　立川市は、開札後に技術審査を行う「事後技術審査方式」を採用し、そのために必要な書類を、あらかじめ、全業者から提出させた。開札後、第 1 落札候補者に限って技術審査を行い、残る 2 社の書類は開封せず返却したという。

　書類の提出を求められた業者は、「内容の濃い書類を提出すれば落札に有利になるかもしれない」と期待し、手間と時間をかけて書類を作成したかもしれない。それにも関わらず、未開封のまま返却されたので、「無駄骨を余儀なくされた」と不満を抱いた可能性がある。技術審査の時間節約のためにこのような方法を採ったのであろうが、あらかじめ、全業者から技術審査に必要な書類の提出を求めるのは適当ではなく、開札後、第 1 落札候補者に必要な書類を提出させれば足りたのではないか。

17 ごみ収集業務委託を一般競争入札化し委託費を大幅に節約することに成功した神奈川県横須賀市

1 導入の経緯

横須賀市では、戦後、し尿汲み取り業務について、農業実行組合に代行させていたが、その後、業務量の増大に伴って業者数を増やしてきた。昭和43年以降は、下水道整備の進捗に伴い、順次、し尿汲み取り業者がごみ収集業者に転換してきた経緯がある。

平成19年4月時点で、同市は、ごみ収集業務について9地区に分けて9業者に代行させた。世帯数で見ると代行地区と直営地区とはおおむね5対5の割合であった。

同市では、平成14年ごろから公共調達における透明性・公平性・競争性を確保するために、実質上の特命随意契約である「代行制度」を見直し、競争入札に移行することを決断し、この旨を市議会の質疑応答において明言した。

平成16年には代行業者に対しこの方針が伝えられ、平成18年7月には入札参加資格を、平成19年度には入札を実施する旨が公表された。

2 競争入札の実施方法

競争入札の実施に伴って2地区（1万8000世帯）が直営から委託に移行された。その結果、全世帯の約6割が委託、約4割が直営という割合になった。

今回、競争入札が実施されたのは「委託」部分であり、従来代行であった9地区と直営から移行した2地区を合わせた11地区を13地区に細分化し、入札参加機会が増やされた。

契約期間は、パッカー車の耐用年数を考慮して、5年間とされた。

入札は、2週（1週目5地区・2週目8地区）に分けて実施され、競争性を高めるため、1週目に落札した業者も2週目の入札に参加できることとされた。

③ 入札結果

　入札は、平成19年５月９日と同月23日の２回に分けて実施された。
その結果は、図表２−37のとおりである。

図表２−36　ごみ収集運搬業務の一般競争入札結果

案件名	開札日	予定価格	落札金額	落札率	入札参加者数	落札業者	備考
上町ほか定日ごみ収集運搬業務	５月９日	46,821,557	37,397,500	79.87	15	業者A	代行
富士見町ほか定日ごみ収集運搬業務	５月９日	42,840,084	35,070,700	81.86	14	業者B	代行
鷹取ほか定日ごみ収集運搬業務	５月９日	42,468,321	36,350,200	85.59	14	業者C	新規
追浜東町ほか定日ごみ収集運搬業務	５月９日	42,076,524	37,027,340	88.00	15	業者D	代行
船越町ほか定日ごみ収集運搬業務	５月９日	41,585,726	35,444,534	85.23	15	業者E	新規
港が丘ほか定日ごみ収集運搬業務	５月23日	41,298,214	29,102,178	70.47	13	業者F	代行
鶴が丘ほか定日ごみ収集運搬業務	５月23日	41,268,611	31,173,458	75.54	13	業者G	新規
安針台ほか定日ごみ収集運搬業務	５月23日	40,485,010	29,958,000	74.00	13	業者B	代行
根岸町ほか定日ごみ収集運搬業務	５月23日	40,420,750	31,380,934	77.64	13	業者H	新規
池上町ほか定日ごみ収集運搬業務	５月23日	39,681,747	31,990,000	80.62	13	業者I	代行
平成町ほか定日ごみ収集運搬業務	５月23日	39,453,651	32,351,991	82.00	13	業者J	代行
追浜本町ほか定日ごみ収集運搬業務	５月23日	39,032,182	32,900,000	84.29	13	業者K	代行
坂本町ほか定日ごみ収集運搬業務	５月23日	38,635,554	31,900,000	82.57	13	業者L	新規
合計		536,067,931	432,046,835	80.60	—	—	—

出所：横須賀市資料を基に筆者作成

平均落札率は、1週目（5件）が84.11％、2週目（8件）が78.39％で2日間を通して80.60％であった。2週目の落札率が低いのは、1週目の入札結果を見ての行動と見られる。また、同じ日では、はじめの落札率がおしなべて低く、後の入札になるほど競争性が低下し、落札率が上昇する傾向が見られる。業務量の関係で2地区以上落札した場合には適正な履行ができないという判断から「同じ日に2件以上は落札できない」という条件を付したため、後の入札になるほど、競争性が低下し、落札率が高まるという関係が顕著に表れている。その意味では、入札を3週に分けて実施したほうがより競争性が高まったと考えられる。落札した業者12社（うち1社は2地区を落札）の内訳は旧代行業者7社、新規参入業者5社であった。旧代行業者9社のうち2社が落札できなかったことになる。このうちの1社は廃業し、他の1社は他自治体で廃棄物処理業を営んでいる。

④ 業者・住民の反応

　代行業者やその代弁をする議員等から激しい反対が表明されたが、長い時間をかけて説明と説得が続けられた。また、落札できず廃業した旧代行業者の従業員とパッカー車は、新規参入業者に引き継がれた。

　平成19年9月3日から新体制に移行したが、これに伴って住民等から9月3日に47件、9月4日に56件の計103件の苦情等が出された。このうち47件が取り残しの連絡・苦情であり、52件が収集時間の意見・苦情であった。しかし、新体制3日目の9月5日には苦情等が10件に減り、その後も通常ベース（1日当たり10件前後）を推移するようになっており、一時的な混乱にとどまった。

18 徹底した市民参加で新庁舎を建設した東京都立川市

1 市民100人委員会

　立川市では、昭和33年に建設された古い庁舎の代わりに、旧立川基地の跡地に新庁舎を建設する計画があった。また、平成15年度を「市民参加元年」とし、市民参加を積極的に推進しようとしていた。そこで、「市民参加元年」に相応しい年にするため、平成15年6月、「市庁舎建設市民100人委員会」（以降「市民100人委員会」という）を立ち上げ、新庁舎の建設に市民の意見を積極的に取り入れることとした。

　市民100人委員会は、大学教授（委員長）と一般公募委員60人、地域団体・各種団体や市民モニターから選ばれた委員48人、計109人で構成された。発足後、いくつかの分科会に分かれて議論し、平成16年2月までに10回の全体会議を経て、「新庁舎建設基本構想市民案」および「現庁舎敷地利用計画市民案」を取りまとめた。

　この「新庁舎建設基本構想市民案」の基本理念は次のとおりで、かなり格調高い。

第1　市民・行政・議会の対等の関係を具現化する庁舎
第2　人や地球環境に対するやさしさをアピールする庁舎
第3　建設と運営のプロセスに常に市民が参画できる庁舎
第4　公園都市立川のイメージを先導する美しい庁舎

　市民100人委員会は、この基本理念に基づき新庁舎建設について具体的な提案を行った後、平成16年3月に解散した。同市は、この市民案をベースにして、同年10月に「新庁舎建設基本構想案」を作成・公表した。

2 「設計者選定競技（立川モデル）」とは

　同市は、平成16年に学識経験者4名・公募市民5名・市職員3名の計12名で構成する「事業手法等検討委員会」を設け、新庁舎の設計者

を決めるための手法を検討した。同委員会は、市民や職員、議員などの意見を設計に反映するため、設計者の選定段階で市民とのワークショップを行うという今までにない手法を提案した。これが「立川市新庁舎市民対話型2段階方式による設計者選定競技（立川モデル）」である。

平成17年6月に行われた公募によって177件の作品が提案され、9月に行われた応募作品の展示会には、のべ1000人を超える市民や職員が見学に訪れた。

次いで、平成17年9月10日に5人の建築専門家で構成される選定委員会による第1次審査会で177点の応募作品の中からまず22点の作品が選定され、さらに、300人を超える市民らが見守る中で公開審査が行われ、最終的に3名の設計候補者が選ばれた（なお、この3名には報奨費として各70万円が支払われた）。

その後、平成17年10月16日、3名の設計者と市民とのワークショップが行われ、設計者はこれを受けて最終審査の提案図書を作成した。この提案図書は市の広報を通じて市民に公開された。

選定委員会の第2次（最終）審査会は、平成17年11月20日に行われた。まず、ワークショップを受けて作成された最終提案について、3名の設計候補者がそれぞれ説明を行い、市民との意見交換が行われた。その後、選定委員会は、各設計候補者からヒアリングを行い、最終的に1名の設計者を選定した。

なお、市民が参加する会合やイベントは市民が参加しやすいように夜間や週末に開催された。

③ 「一括発注技術提案型・総合評価方式（立川モデル）」とは

同市は、学識経験者5名・公募市民3名・市職員3名の計11名で構成する「新庁舎施工者選定手法等検討委員会」を設け、施工者選定方法を検討し、おおむね次のような提言を行った。

> 提言①　価格と品質により総合的に優れた調達ができる「技術提案評価型・総合評価方式」

提言②　透明性と市民との連携を確保した審査方法

提言③　高い施工技術力が期待できる「一括発注方式」

提言④　競争性・公平性を確保し、一定のコストに対して最も品質
　　　　の高いものを調達

　この提言を受け、同市の新庁舎施工者選定は、次のようなスケジュールで行われた。

平成19年７月25日	技術提案評価型・総合評価方式による一般競争入札の告示（11社申込み）
平成19年８月31日	入札参加資格確認通知
平成19年10月４日	VE提案の締切り
平成19年10月21日	第１次審査（非公開）
平成19年10月26日	VE提案の採否通知（６社からVE提案）
平成19年11月20日	入札書および技術提案書の提出締切り
平成19年12月２日	公開プレゼンテーション（５社が参加）第２次審査により落札予定者決定
平成19年12月25日	契約締結

　同市が採用した総合評価方式は、「高度技術提案型」と呼ばれるもので、まず、各社に標準点を100点を与え、技術提案に対する加算点（50点満点）を合計し、これを価格点で割って評価値を出すという方法である。

　平成19年12月２日に実際に行われた審査結果および入札結果を基に説明すると、以下のとおりである。

① 技術提案に対する加算点（50点満点）

　評価項目は「品質管理・施工管理」と「ライフサイクルコスト」に分けられ、このうち「品質管理・施工管理」は「構造性能の確保」（21点）、「環境性能の確保」（８点）、「施工管理の能力」（５点）の計34点が、また、「ライフサイクルコスト」は「ライフサイクルコストの縮減

計画」（8点）および「維持保全改修更新」（8点）の計16点が、それ
ぞれ配点された。

　応札した5社の加算点は図表2－37のとおりであり、E社が50点満点
のうち37.8点を獲得し、第1位であった。

図表2－37　新市庁舎建設に係る総合評価方式（技術提案に係る加算点）

	〈品質管理・施工管理〉			〈ライフサイクルコストの縮減〉		
	構造性能を確保するための施工計画	環境性能を確保するための施工計画	配置予定技術者の施工管理能力	長期的なライフサイクルコスト縮減計画	維持保全・改修・更新のための工夫	合　計
	（21点）	（8点）	（5点）	（8点）	（8点）	（50点）
E社	17.7	6.0	4.1	5.0	5.0	37.8
C社	15.4	7.5	4.4	5.0	5.3	37.6
D社	15.0	3.8	2.6	3.7	3.4	28.5
B社	12.0	6.0	3.3	4.0	4.3	29.6
A社	10.6	3.8	2.9	3.4	3.3	24.0

出所：立川市「立川市新庁舎施工者選定の経緯等について」1頁を基に筆者作成

②　入札の結果
　標準点に技術提案に対する加算点を加え、これを価格点（例えば、入
札価格が68億円の場合は68点）で割って評価値を算出する。

　各社の入札価格は、A社が73億4000万円、B社が76億8600万円、C
社が73億4100万円、D社が69億円、E社が68億円であった。したがっ
て、価格点は、A社が73.40点、C社が73.41点、D社が69.00点、E社
が68.00点となる。ただし、B社は、入札価格が予定価格を超えていた
ため失格になった。

　以上を総合して評価値を計算すると、E社が2.026、C社が1.874、D
社が1.862、A社が1.689となり、E社が第1順位の落札予定者に選定さ
れた（図表2－38参照）。

図表２－38　新市庁舎建設に係る総合評価方式（評価値）

商号または名称	標準点	加算点	価格点	評価値	順位
E	100	37.8	68.0000	2.026	1
C	100	37.6	73.4100	1.874	2
D	100	28.5	69.0000	1.862	3
A	100	24.0	73.4000	1.689	4
B	100	29.6	—	失格（予定価格超過のため）	—

出所：図表２－37に同じ
注１：価格は、税抜きの金額÷10の8乗
注２：評価値＝（標準点＋加算点）÷価格点

⑤　高度技術提案型・総合評価方式はどのような問題があるか

　立川市の庁舎新築工事総合評価では、技術提案に対する加算点が最高点（37.8点）で、かつ、最低価格提示者（68億円）のＥ社が落札したため、問題は生じなかった。仮に、Ｃ社が67億9000万円で入札していたら、［137.6点÷67.9点＝2.02651］で、Ｃ社の評価値が「2.02651」となり、Ｅ社の「2.02647」を上回り、Ｃ社が落札予定者に選ばれていたことになる。この場合、落札できなかったＥ社から、技術提案に対する加算点の評価の妥当性について問題提起がなされた可能性があった。

　上記ケースでは、Ｃ社とＥ社の技術提案に対する加算点の差（0.2点）が両社の入札価格の差（1000万円）により落札予定者が逆転することになる。つまり、本件入札では、「技術提案に対する加算点１点は約5000万円に相当する」とあらかじめ決められていたことになる。

　仮に、Ｅ社から訴訟が提起された場合、市側が「技術提案に対する加算点１点は約5000万円に相当する」とした根拠や配点基準の説明を求められる可能性がある。しかし、これらを説明することは至難であり、裁判が長期化し、行政コストが肥大化するおそれがある。［高度技術提案評価型・総合評価方式］を採用した場合にはこうした問題を惹起する可能性があることを認識する必要がある。

19 「要望等記録・公表制度」の導入により議員等からの「口利き」の封じ込めに成功した神奈川県横浜市

① 不祥事を契機とした横浜市の再発防止策の概要

　横浜市は、平成15年に発覚した入札をめぐる不祥事を契機に、①要望等記録・公表制度の創設、②入札制度の改革、③不正防止内部通報制度の導入、④人事評価制度の見直し、⑤不祥事防止対策を講じて大きな成果を挙げている。

　以下では、これらの再発防止策のうち、①要望等記録・公表制度の仕組みと運用状況、成果などを紹介する。

② 不祥事の概要

　同市のある市議会議員が、市契約部長から予定価格を聞き出して建設業者に教え、建設業者は予定価格の80％相当の価格（これが当時の最低制限価格であった）で入札し、確実に受注していた。この議員は予定価格を教えた見返りとして、業者から金品を受け取っていた。

　なお、この市議会議員は、市契約部長に対し、要請に応じないと人事上不利になるおそれがある旨を告げて予定価格を聞き出していた。

③ 再発防止策の検討に先立つ調査

　同市は、平成15年7月、副市長を委員長とし外部委員3名を含む20名で構成する「再発防止のための緊急調査委員会」を設置した。

　筆者は、この委員会に外部委員の1人として参加し、「市の職員等が誰からどのような要望等を受け、どのように対応したのか」について実態を調査することを提案した。本件の発端は市議会議員の要望であった。このような議員の要望に端を発した不正がほかにも生じている可能性があり、その実態を把握しないと本当の意味での再発防止策は講じられないと考えたからである。平成15年7月、市職員5310人、平成13年度以降に退職した元市管理職214人の合わせて5524人を対象にアンケート調

査が行われた（回収率は90.3％）。調査の結果は「再発防止のための緊急調査委員会報告書」（平成15年7月31日）に取りまとめられている。以下では、この報告書の「職員が不合理な内容と感じたもの」について中心に見ていく。

① 「不合理な要望等」を受けた割合

　調査に応じた5055人のうち、要望等を「直接受けたことがある」が2082人（41.2％）、「見たり聞いたりしたことがある」が969人（19.2％）、「部下から相談・報告を受けたことがある」が401人（7.9％）であった（複数回答）。このうち、職員が不合理な内容と感じた要望等（以降「不合理な要望等」という）を直接受けたことがあると回答したのは855人（41.0％）であった。また、職場での地位が高くなるほど不合理な要望等を受ける割合が高くなる傾向があった。

② 不合理な要望等の行為全体

　不合理な要望等を直接受けた855人に対し、それを誰から受けたのか（要望等の行為主体）を聞いたところ、市議会議員が最も多く68.5％、国会議員が21.2％、県会議員が12.4％など議員からの要望等が圧倒的に多かった。これに比べ、元上司・市職員（18.4％）、業界団体（12.2％）からの要望は比較的少なかった。

③ 不合理な要望等の内容

　不合理な要望等を直接受けた855人に対し、どのような内容であったかを聞いたところ、図表2－39のとおり、指名その他契約に関することが138人（16.1％）で、これに設計金額・予定価格に関することの38人を加えると、契約関係は176人（20.5％）となり、最も多い。次いで、入所・入院等に関することが94人（11.0％）、許認可に関することが89人（10.4％）の順で多かった（複数回答）。

　市職員らが挙げた不合理な要望等のうち代表的なものは、次のとおりである。

・開発の許可で、開発行為者の負担となる工事を、市の事業として施工してもらいたいと要求された。
・市の監査で指摘した法人について、法人の明らかな不法行為であったにもかかわらず、これ以上の追及はやめてもらいたいと要求された。
・法律に適合しない案件について、許認可するよう、あるいは許認可する方法がないのかと求められた。
・（市職員の）採用に関して「よろしく」と頼まれた。
・設計金額を教えてもらいたいと頼まれた。
・特定の業者を指名してほしいと頼まれた。

図表2－39　不合理と感じた要望等の内容

	回答数	割合（%）
施設道路の整備	71	8.3
予定価格等	38	4.4
指名等契約関係	138	16.1
審査・確認業務	44	5.1
許認可関係	89	10.4
入学関係	3	0.4
入所・入院関係	94	11.0
補助金関係	40	4.7
採用・昇任関係	56	6.5
用地買収補償関係	37	4.3
私的な事項	53	6.2
その他	243	28.4

出所：横浜市「再発防止のための緊急調査委員会報告書」平成15年7月31日、6頁

4 要望等の記録・公表制度

① 制度導入のねらい

　前記調査から、要望等には「公益的なもの」と「私益的なもの」とがあること、職員が「不合理」と感じるのは主に「私益的なもの」で、それは市議会議員などの議員からなされることが多いこと等が明らかになった。

　そこで、議員等から要望等があった場合に、これを受けた職員が記録・公表する仕組みを作れば、「公益的な要望等」については（当然の議員活動であるから）むしろ奨励される一方、「私益的な要望等」については抑制されるのではないかとの考えから、要望等の記録・公表制度を設けることにされた。

② 要望等の処理方法

　この制度の対象となる「要望等」は、「市政の運営に関する要望、提言、相談、苦情等の行為」であり、単に事実や手続きを確認する程度の軽易なものは除外される。

　(i)要望等を受けた職員は、当該要望の日時・内容・要望者の氏名等を記録し（その際、要望者に対し要望等の内容等を記録・公表することがある旨を説明する）、所管課長に報告する。(ii)所管課長は局区コンプライアンス推進委員に連絡し、(iii)同委員は局区コンプライアンス責任者に報告する。

　(iv)同責任者は、局区コンプライアンス推進委員会を招集し、要望等に関する対応・公表について協議し、その結果に基づいて所管課長に対し要望等への対応について指示をする。(v)所管課長は、この指示に従い必要な対応をとり、必要に応じて要望者に対応方針を通知する。

　(vi)対応が終了した要望等およびこれに対する対応の主な内容について、要望者の利益を不当に侵害するおそれがある場合を除き、四半期ごとに公表される。

　また、弁護士3名からなる「要望記録・公表審査会」が設けられており、局区コンプライアンス推進委員会の依頼を受け、要望等への対応方法や公表の是非等について助言を行っている。

　以上の流れを図示すると、図表2-41のとおりである。

③ 公表された要望等

　同市に寄せられた要望等のうち、平成16年度に58件、平成17年度に74件、平成18年度に84件、平成19年度（9月まで）に36件と、3年半

215

図表2−40　要望記録・公表制度（対応のフロー図）

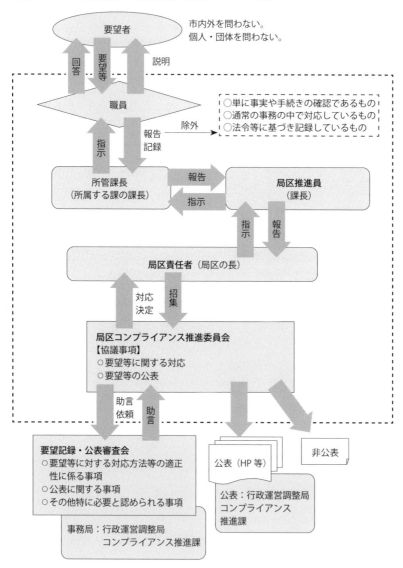

市内外を問わない。
個人・団体を問わない。

○単に事実や手続きの確認であるもの
○通常の事務の中で対応しているもの
○法令等に基づき記録しているもの

要望者

職員

除外

所管課長
（所属する課の課長）

局区推進員
（課長）

局区責任者（局区の長）

局区コンプライアンス推進委員会
【協議事項】
○要望等に関する対応
○要望等の公表

要望記録・公表審査会
○要望等に対する対応方法等の適正
　性に係る事項
○公表に関する事項
○その他特に必要と認められる事項

事務局：行政運営調整局
　　　　コンプライアンス推進課

公表（HP等）

非公表

公表：行政運営調整局
コンプライアンス
推進課

出所：横浜市ホームページ（コンプライアンス推進課・要望記録・公表制度）を基に筆者作成

の間に合計252件が公表された（年平均72.0件）。

　公表された要望等は実に多種多様なものが含まれている。多いのは以下のとおり（カッコ内は対応状況）。

○中学校の生徒が急増し、グラウンドで部活動ができなくなっている。近隣のこどもの遊び場を部活動に利用できないか。（利用を開始）

○市有地で花畑として市民に開放している場所を地域スポーツ広場として利用できるようにしてほしい。（利用を開始）

○新設のケアプラザの運営法人募集について「ある法人が政治家を使って運営者になろうとしている」旨の噂がある。公正な選定が行われるようにしてほしい。（そのように努める旨を説明）

○指定管理者選定は、応募期間が短いなど、既存の外郭団体が有利になっているのではないか。（そのようなことはない旨を説明）

○社会福祉法人以外の法人が保育所を設置する場合には補助が受けられないのはおかしい。（制度的なものである旨を説明）

○川沿いに桜の木を植え、桜並木を作り、桜の名所にしてほしい。初年度は自分が桜の木を寄付する。（植栽場所を提供）

○台風時に用水路が溢れ、床下浸水がひどい状態であった。用水路の改修が必要ではないか。（改修方法を検討）

○児童数が急増している小学校のプレハブ校舎を本建築にしてほしい。（予算要求済み）

○投票場への案内図がわかりにくく、「駐車場がない」旨が記載されていない。（案内図を改善する旨を説明）

○危険な崖や擁壁が少なくない。まず○○区の△△箇所を改善すべきではないか。（全体計画の中で検討する旨を説明）

○地域ケアプラザの未設置地区があり、早期に設置してほしい。（取り組んでいる旨を説明）

○通行できない道路があり不便しており、早く通れるようにしてほしい。（検討する旨を説明）

④　要望等の記録・公表制度創設の成果

　要望等の記録・公表制度ができた結果、市議会議員等からの「不合理
な要望」は影を潜めたという。これは、同市の当初のねらいどおりの結
果になったわけで、大成功といえる。

　「不合理な要望等」が減った理由は、議員等が、市民からそのような
要望等をされそうになったとき、本制度の存在を理由に断ることができ
るようになったことであり、その意味で、本制度の創設は議員等にとっ
ても好都合であったといえる。

　また、先に紹介したように、要望等が実現した例が少なくなく、本制
度は市民のためにもなっているように思われる。

20 「公契約条例」の制定により極端な安値入札を排除しようとする千葉県野田市

1 野田市公契約条例の制定の経緯

「公契約条例」とは、自治体が職種ごとにあらかじめ最低賃金額を定め、自己が発注する工事や業務委託等の受注者（契約の相手方）にその遵守を義務付ける条例のことである。

野田市は、平成21年9月、全国に先駆けて公契約条例を制定した。これは、同市出身の元建設省キャリアである根本市長の強いリーダーシップによるものである。

同市長は、近年、入札制度改革で広範に一般競争入札が導入されたことに伴い、国・自治体発注の建設工事や業務委託の受注競争が過度に激しくなり、その結果、低価格・低単価の契約や受注が増加し、ひいては労働者の賃金の低下を招くという、いわば「官製ワーキングプア」ともいうべき事態などが生まれていることを憂慮し、何らかの対策を講ずる必要性を痛感していた。同市長は、このような問題は国全体で解決すべきであるとの考えから、全国市長会等を通じて国に対し法整備の必要性を訴えたが、国から何の反応もなかったため、全国に先駆けて自ら公契約条例を制定することを決意した。

同条例は、平成21年9月30日の市議会において満場一致で議決され、平成22年2月1日から施行されている。その後、数次の改正を経て現在に至っている。

なお、一般財団法人地方自治研究機構のホームページによれば、令和6年6月末現在、公契約条例を制定しているのは、野田市、東京都渋谷区、同中野区、同北区、同多摩市、同国分寺市、神奈川県川崎市、同厚木市、同相模原市など31自治体である。

[2] 野田市公契約条例の概要

① 制定の趣旨

本条例の前文に「公平かつ適正な入札を通じて豊かな地域社会の実現と労働者の適正な労働条件が確保されることは、ひとつの自治体で解決できるものではなく、国が公契約に関する法律の整備の重要性を認識し、速やかに必要な措置を講ずることが不可欠である。本市は、このような状況を見過ごすことなく先導的にこの問題に取り組んでいくことで、地方公共団体の締結する契約が豊かで安心して暮らすことのできる地域社会の実現に寄与することができるよう貢献したい」と述べられているとおり、本条例には、これが先導的な役割を果たして広く全国に普及し、最終的には国が必要な法整備を行うことを願う根本市長の「熱い思い」が込められている。

② 適用範囲

本条例の適用範囲は、同市が発注する工事・製造の請負契約および業務委託の一部、ならびに指定管理協定に限られており、「民・民の契約」には適用されないが、公契約に基づく元請けと下請けの契約には適用される。

なお、同市は、条例関係事務を担当する専任従事者（以降「条例事務担当者」という）1名を配置し、条例の適用範囲は、この担当者の事務処理能力を勘案して決めることとし、条例制定による行政コストの増大防止を図っている。

ア　工事・製造の請負契約

平成22年度は、予定価格1億円以上の工事・製造請負契約を本条例の適用対象としたが、条例事務担当者が業務に慣れて処理能力が向上したため、平成23年9月からは同5,000万円に適用範囲を拡大した。同市は、今後も適宜、適用範囲を拡大したいとしている。

イ　業務委託契約

平成22年度当初から原則として予定価格1000万円以上の業務委託契

約を適用対象としている。

ウ　指定管理協定

平成24年10月から指定管理協定にも本条例を適用することとした。

③　職種別の最低賃金額

ア　工事・製造の請負契約

平成22年度から平成25年度の工事・製造の請負契約の最低賃金額（1時間当たりの最低賃金の額）の図表2－41は、次表のとおりである。

図表2－41　野田市公契約条例に基づく工事の職種別最低賃金額（円／時間）

職　　　　　種	H22年度	H23年度	H24年度	H25年度
1　特 殊 作 業 員	1,680	1,650	1,630	2,040
2　普 通 作 業 員	1,330	1,360	1,340	1,743
3　軽 作 業 員	1,030	1,010	1,030	1,297
4　造 園 工	1,560	1,600	1,570	1,987
5　法 面 工	1,620	1,650	1,750	2,210
6　と び 工	1,730	1,770	1,870	2,359
7　石 工	1,930	1,890	1,940	2,455
8　ブ ロ ッ ク 工	1,940	1,910	1,880	2,285
9　電 工	1,790	1,820	1,830	2,189
10　鉄 筋 工	1,800	1,840	1,900	2,391
11　鉄 骨 工	1,690	1,650	1,690	2,136
12　塗 装 工	1,710	1,710	1,820	2,295
13　溶 接 工	1,840	1,880	1,930	2,434
14　特 殊 運 転 手	1,640	1,650	1,680	2,115
15　一 般 運 転 手	1,550	1,520	1,510	1,892
16　潜 か ん 工	2,070	2,060	2,070	2,540
17　潜 か ん 世 話 役	2,410	2,450	2,460	3,018
18　さ く 岩 工	1,710	1,750	1,830	2,306
19　トンネル特殊工	1,840	1,850	1,910	2,412
20　トンネル作業員	1,580	1,540	1,640	2,062
21　トンネル世話役	2,040	2,050	2,160	2,731
22　橋りょう特殊工	2,010	1,970	2,020	2,540
23　橋りょう塗装工	2,130	2,050	2,100	2,646
24　橋りょう世話役	2,280	2,230	2,290	2,890
25　土木一般世話役	1,840	1,800	1,860	2,264

26	高 級 船 員	2,340	2,300	2,260	2,752
27	普 通 船 員	1,740	1,780	1,760	2,147
28	潜 水 工	2,620	2,630	2,700	3,400
29	潜 水 連 絡 員	1,860	1,850	1,910	2,412
30	潜 水 送 気 員	1,850	1,850	1,910	2,412
31	山 林 防 砂 工	2,000	1,980	1,990	2,519
32	軌 道 工	2,950	3,020	3,210	4,049
33	型 わ く 工	1,660	1,660	1,700	2,147
34	大 工	1,910	1,870	1,930	2,434
35	左 官	1,760	1,730	1,780	2,338
36	配 管 工	1,820	1,780	1,710	2,051
37	は つ り 工	1,620	1,580	1,680	2,200
38	防 水 工	1,710	1,750	1,880	2,465
39	板 金 工	1,700	1,740	1,820	2,380
40	タ イ ル 工	1,820	1,780	1,830	2,306
41	サ ッ シ 工	1,680	1,650	1,690	2,189
42	屋 根 ふ き 工	1,620	1,610	1,590	1,977
43	内 装 工	1,740	1,710	1,750	2,264
44	ガ ラ ス 工	1,640	1,630	1,660	2,104
45	建 具 工	1,560	1,560	1,870	2,359
46	ダ ク ト 工	1,570	1,600	1,580	1,966
47	保 温 工	1,740	1,680	1,650	1,966
48	建 築 ブロック工	1,700	1,660	1,690	2,136
49	設 備 機 械 工	1,820	1,770	1,700	2,125
50	交 通 誘 導 員 A	910	920	920	1,148
51	交 通 誘 導 員 B	850	860	840	1,042
52	電 気 通 信 技 術 者	－	2,650	2,680	2,869
53	電 気 通 信 技 術 員	－	1,830	1,840	1,966
54	製 作 工 （橋梁）	－	2,240	2,450	2,689
55	機 械 工	－	1,880	1,930	2,434
56	助 手	－	1,360	1,340	1,743
57	船 団 長	－	2,300	2,260	2,752
58	潜 水 世 話 役	－	2,630	2,700	3,400
59	船 夫	－	1,780	1,760	2,147
60	機 械 設 備 製 作 工	－	2,270	2,260	2,402
61	機 械 設 備 据 付 工	－	1,960	1,950	2,104

出所：野田市提供資料に基づき筆者作成

　条例制定当初は、国土交通省・農林水産省が公共工事の積算に用いている51職種の「公共工事設計労務単価（基準・8 時間当たり日額）」の千葉県単価の1 時間当たり相当額（以降「2 省単価」という）に「80％」を乗じた額を、工事・製造の請負契約の最低賃金額とした。

　なお同市は、平成25年4 月から、乗ずる率を「80％」から「85％」に引き上げている。

イ　業務委託契約

　条例制定当初の平成22年度は、「施設の設備又は機器の運転管理」「施設の設備又は機器の保守点検業務」および「施設の清掃業務」の3 職種を適用対象とし、それぞれ野田市の労務職員（用務員）の18歳初任給相当額（829円）を最低賃金額とした。

　平成23年度は、国土交通省が定める「建築保全業務労務単価（東京地区・8 時間当たり日額」の1 時間当たり相当額（以降「建築保全業務労務単価」という）に「80％」を乗じた額を最低賃金額としている。

　平成24年度からは、不燃物処理施設運転管理業務10職種を適用対象に加えた。最低賃金の額は、それぞれの職種の実情を踏まえ、例えば、「手選別作業員（障がい者等）」については国が定める千葉県の最低賃金の額（平成24年10月現在、1 時間当たり756円）を、「事務員補助」および「計量業務員」については市臨時職員の賃金単価を、「プラント保安要員」「中央操作員」「重機オペレータ」「プラットホーム作業員」については前記「建築保全業務労務単価」に［80％］を乗じた額を、それぞれ最低賃金額としている。

　平成25年度からは、さらに学校給食関連業務4 職種が適用対象に加えられ、業務委託に関してのべ19職種について最低賃金額が定められている。

　例えば、「給食調理員」「給食配膳員」については市調理員の初任給の額を、「給食配送員（運搬員）」については市自動車運転手（19歳）の初任給の額を、「給食設備管理員」については前記「建築保全業務労務単価」に「80％」を乗じた額を、それぞれ最低賃金額としている。

④ 支払賃金の確認

　市は、受注者等（下請負者、労働者を派遣する業者を含む）から、適用労働者の氏名、職種、労働日数・時間、支払賃金額等を記入した「労働者支払賃金報告書」、賃金台帳の写し、給与等の支払明細書の写しの提出を義務づけるなどにより、最低賃金額が遵守されているかどうかを確認している。

　また、市に対し、最低賃金の適用労働者から、受注者等が本条例の遵守義務を果たしていないとの申出があった場合には、前記報告書の提出に加えて、追加の報告書の提出、事情聴取、場合によっては立入検査を行うこともある。しかし、現在までにその申出の例はなく、したがって、事情聴取や立入検査が行われたことはない。

⑤ 是正措置

　立入検査等により、受注者等が本条例に違反していると認めるときは、受注者の違反については受注者に、受注関係者の違反については受注関係者に対し、速やかに当該違反を是正するために必要な措置を講ずるよう命じる。ただし、条例6条1項（賃金の支払い）違反については、受注者および受注関係者に対して連帯して是正を命じる。なお、現在までに同措置が発動された例はない。

⑥ 公契約の解除

　受注者等が、報告拒否、虚偽報告、検査拒否、命令違反等をしたときは、市と受注者との公契約を解除し、その旨を公表できることになっている。しかし、現在までにそのようなケースはない。

③ 野田市公契約条例の運用状況と効果

① 条例適用件数の推移

　本条例の適用対象となった件数は、図表2－42のとおり、平成22年度は工事が2件（対象は予定価格1億円以上）および業務委託（同1000万円以上）が16件、平成23年度は工事が3件（同5000万円以上に拡大）お

よび業務委託が17件、平成24年度は工事が19件、業務委託が18件、平成25年度は工事が25件および業務委託が22件で、年々増加しているが、それでも、管財課が発注する件数（工事・業務委託とも年間140件程度）の2割に満たない。

図表2−42　野田市の公契約条例適用件数の推移

	平成22年度	平成23年度	平成24年度	平成25年度
工　　事	2	3	19	21
業務委託	16	17	18	22

出所：野田市提供資料に基づき筆者作成

② 平成23年度最低賃金額改定の支払賃金引上げ効果

　同市は、平成23年度に業務委託に属する3職種（「施設の設備又は機器の運転管理業務」「施設の設備又は機器の保守点検業務」および「野田市文化会館の舞台の設備及び機器の運転業務」）の最低賃金額を引き上げたが、これに伴って支払賃金額が前年度と比較してどの程度上昇したのかを調査した。その結果、198人のうち36人（18.2％）の支払賃金額の引き上げが確認できたという。

　これを職種別に見ると、最低賃金額を据え置いた「清掃」を除き、いずれの職種においても賃金額の上昇が見られた。支払賃金の上昇幅が大きかったのは「保守点検」であり、それまで「829円」であった最低賃金額が平成23年度には「1480円」に引き上げられたことに伴って、最高で「650円」、平均でも「411円」支払賃金が上昇している。なお、効果を確認した36人の支払賃金の引上額は平均「155円」であった。

　この調査は、サンプル数が限られているが、公契約条例の最低賃金額を引き上げれば支払賃金額の引き上げに繋がることを実証したものとして注目される。

4 野田市公契約条例の課題

　野田市は、条例制定直後の平成21年10月に全国805自治体に本条例を郵送し、各自治体においても条例を制定するよう促すなど積極的に公契

約条例の普及に努めてきた。今では、「公契約条例といえば野田市」と称されるほど著名な存在になっており、その意味で、同市が全国に先駆けて公契約条例を制定した意義は大きく、根本市長の「熱い思い」はある程度達成できているように思われる。

　ただし、同市の条例事務担当者に対し、受注者から提出される資料は膨大な量にのぼると推察され、公契約条例制定に伴って行政コストが増大するのは避けがたい「宿命」のようである。このことが、公契約条例を制定した自治体が少数にとどまっている最大の理由のように思われる。野田市の場合は、前述のとおり、条例の適用範囲を条例事務担当者1名が処理できる範囲内にとどめることで行政コストの増大を防いでおり、これは慧眼（すいがん）と言えよう。

　残された課題があるとすれば、同条例は、運用を積み重ねていくほど、詳細な最低賃金の額を定めてほしいとの要求が出される可能性が高く、また、仮に、今まではなかった適用労働者からの申出がなされた場合には、追加の報告書の提出、事情聴取、立入検査等を行わざるを得ず、これらに伴って行政コストが増大することが予想され、これにどのように対応するかということである。

参考資料

自治体の入札・契約の概要

【一般競争入札について】

（意義）
公告によって不特定多数の者を誘引して、入札により申込をさせる方法により競争を行わせ、その申込のうち、地方公共団体にとって最も有利な条件をもって申込をした者を選定して、その者と契約を締結する方法

（概要）
○入札の公告
　一般競争入札により契約を締結しようとするときは、入札に参加する者に必要な資格、入札の場所・日時等の必要事項を公告しなければならない。（地方自治法施行令（以下「令」という。）第167条の6第1項）

○入札参加資格等
・契約締結能力を有しない者等を参加させててはならない。（令第167条の4第1項）
・談合関与者等を3年間以内排除することができる。（令第167条の4第2項）
・工事等の実績、経営の規模等を参加要件として定めることができる。（令第167条の5第1項）
・事業所の所在地、工事の経験・技術等の有無等を参加要件として定めることができる。（令第167条の5の2）

○落札者の決定方式
　予定価格の制限の範囲内において最高（収入を伴う場合）・最低（支出を伴う場合）の価格をもって申込をした者を落札者とし、以下の場合には例外的に最低の価格をもって申込をした者以外のものを落札者とすることができる。（地方自治法第234条第3項）
・低入札価格調査制度（令第167条の10第1項）
・最低制限価格制度（令第167条の10第2項）
・総合評価方式（令第167条の10の2第1項及び第2項）

（長所）
○機会均等の原則に則り、透明性、競争性、公正性、経済性を最も確保することができる。

（短所）
○契約担当者の事務上の負担が大きく、経費の増高を招く。
○不良・不適格業者の混入する可能性が大きい。

一般競争入札の流れ

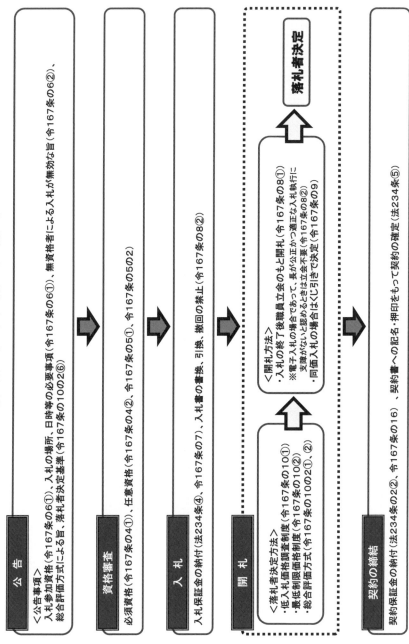

公告

<公告事項>
入札参加資格（令167条の6①）、入札の場所、日時等の必要事項（令167条の6①）、無資格者による入札が無効な旨（令167条の6②）、総合評価方式による旨、落札者決定基準（令167条の10の2⑥）

資格審査

必須資格（令167条の4①、令167条の5①、令167条の5の2）、任意資格（令167条の4②、令167条の5の2）

入札

入札保証金の納付（法234条④、令167条の7）、入札書の書換、引換、撤回の禁止（令167条の8②）

開札

<落札者決定方法>
・低入札価格調査制度（令167条の10①）
・最低制限価格制度（令167条の10②）
・総合評価方式（令167条の10の2①、②）

<開札方法>
・入札の終了後職員立会のもと開札（令167条の8①）
 ※電子入札の場合であって、長が公正かつ適正な入札執行に支障がないと認めるときは立会不要（令167条の8②）
・同価入札の場合はくじに引きで決定（令167条の9）

落札者決定

契約の締結

契約保証金の納付（法234条の2②、令167条の16）、契約書への記名・押印をもって契約の確定（法234条⑤）

【指名競争入札について】

（意義）
○地方公共団体が資力、信用その他について適切と認める特定多数の者を通知によって指名し、その特定の参加者をして入札の方法によって競争させ、契約の相手方となる者を決定し、その者と契約を締結する方式

（概要）
○指名競争入札によることができる要件
次のいずれかに該当する場合は、指名競争入札によることができる。（地方自治法第234条第2項、地方自治法施行令（以下「令」という。）第167条）
① 契約の性質・目的が一般競争入札に適しない契約をするとき。
② 契約の性質・目的により、入札に加わるべき者の数が一般競争入札に付する必要がないと認められる程度に少数であるとき。
③ 一般競争入札に付することが不利と認められるとき。

○指名通知
指名競争入札により契約を締結しようとするときは、有資格者のうちから、入札に参加させようとする者を指名し、入札の場所・日時等の必要事項と併せて通知しなければならない。（令第167条の12第1項、第2項）

○入札参加資格等
・契約締結能力を有しない者等を参加させてはならない。（令第167条の11第1項で準用される令第167条の4第1項）
・談合関与者等を3年間以内排除することができる。（令第167条の11第1項で準用される令第167条の4第2項）
・あらかじめ工事実績、経営の規模等を参加要件（令第167条の5第1項の規定事項）として定めなければならない。（令第167条の11第2項）

○落札者の決定方式
原則、予定価格の制限の範囲内において最高（収入を伴う場合）・最低（支出を伴う場合）の価格をもって申込みをした者を落札者とし、以下の場合には一般競争入札に比べて最低価格をもって申込みをした者以外のものを落札者とすることができる。（地方自治法第234条第3項）
・最低価格調査制度（令第167条の10第1項）
・最低制限価格制度（令第167条の10第2項）
・総合評価方式（令第167条の10の2第1項、第2項）

（長所）
○一般競争入札に比べて不良・不適格業者を排除することができる。
○一般競争入札に比して契約担当者の事務上の負担や経費の軽減を図ることができる。

（短所）
○指名される業者が固定化する傾向がある。
○談合が容易である。

230

指 名 競 争 入 札 の 流 れ

有資格者審査

必須資格（令167条の4①）、任意資格（令167条の4②、令167条の5①）

指名通知

・有資格者のうちから指名（令167条の12①）
・指名した者に通知（令167条の12②）
<通知事項>入札の場所、日時等の必要事項（令167条の12②）、無資格者による入札が無効な旨（令167条の12③で準用される令167条の6
②）、総合評価方式による旨、落札者決定基準（令167条の12④）

入 札

入札保証金の納付（法234条の④、令167条の13で準用される令167条の7）、入札書の書換、引換、撤回の禁止（令167条の13で準用される令167条の8②）

開 札

<落札者決定方法>
・低入札価格調査制度（令167条の10①）
・最低制限価格制度（令167条の10②）
・総合評価方式（令167条の13で準用される令167条の10の2①、②）

<開札方法>
・入札の終了後職員立会のもと開札（令167条の13で準用される令167条の8①）
※電子入札の場合であって、長が公正かつ適正な入札執行に支障がないと認めるときは立会不要（令167条の13で準用される令167条の8②）
・同価入札の場合はくじにより決定（令167条の13で準用される令167条の9）

落札者決定

契約の締結

契約保証金の納付（法234条の2②、令167条の16）、契約書への記名・押印をもって契約の確定（法234条⑤）

【随意契約について】

（意義）
○随意契約とは、地方公共団体が競争の方法によらないで、任意に特定の者を選定してその者と契約を締結する方法

（概要）
○随意契約によることができる要件
次のいずれかに該当するときは、随意契約によることができる。
（地方自治法第234条第2項、地方自治法施行令第167条の2第1項）

① 契約の予定価格が自治令別表第五で定める額を超えない契約をするとき。

② 契約の性質・目的が競争入札に適しない契約をするとき。

③ 地方公共団体の規則で定める手続により、法令で定める手続により地方公共団体の長が認定した施設で生産される物品を買い入れる契約又は役務の提供を受ける契約、障害者就労訓練事業を行う施設により生産される物品を買い入れる契約又は役務の提供を受ける契約、シルバー人材センター等又はこれに準ずる者として総務省令で定める手続により地方公共団体の長が認める者に準ずる者として総務省令で定める手続により地方公共団体の長が定める契約をするとき。

④ 地方公共団体の規則で定める手続により新商品として生産するものとして地方公共団体の長が認定したものにより生産される新商品を買い入れる契約、母子福祉団体又はベンチャー企業として総務省令で定める手続又は総務省令で定める者若しくは新役務の提供を受ける契約をするとき。

⑤ 緊急の必要により競争入札に付することができないとき。

⑥ 競争入札に付することが不利と認められるとき。

⑦ 時価に比べて著しく有利な価格で契約を締結することができる見込みのあるとき。

⑧ 競争入札に付し入札者がないとき、又は再度の入札に付し落札者がないとき。

⑨ 落札者が契約を締結しないとき。

（長所）
○競争に付する手間を省略することができ、しかも契約の相手方となるべき者を任意に選定するものであることから、特定の資産、信用、能力等のある業者を容易に選定することができる。
○契約担当者の事務上の負担を軽減し、事務の効率化に寄与することができる。

（短所）
○地方公共団体と特定の業者との間に発生する特殊な関係から単純に契約を当該業者と締結するのみではなく、適正な価格によって行われるべき契約がややもすれば不適正な価格によって行われるおそれがある。

232

随 意 契 約 の 流 れ

選　考

＜具体例＞

・見積合わせ、コンペ方式

※地方公共団体の財務規則等で規定

決　定

契約の締結

契約保証金の納付（法234条の2②、令167条の16）、契約書への記名・押印をもって契約の確定（法234条⑤）

地方公共団体の物品等又は特定役務の調達手続の特例を定める政令

（平成7年政令第372号、最終改正　令和2年12月24日政令第378号）

【政府調達協定（WTO協定）について】

（趣旨）

1994年（平成6年）4月15日マラケシュで作成された政府調達に関する協定（以下「WTO協定」という。平成8年1月1日発効）、2012年（平成24年）3月30日ジュネーブで作成された政府調達に関する協定を改正する議定書（以下「改正協定」という。平成26年4月16日発効）、経済上の連携に関する日本国と欧州連合との間の協定（以下「日欧協定」という。平成31年2月1日発効）、包括的な経済上の連携に関する日本国とグレートブリテン及び北アイルランド連合王国との間の協定（以下「日英協定」という。令和3年1月1日発効）その他の国際約束を実施するため、地方公共団体の物品等の締結する契約を規定する地方自治法施行令（以下「令」という。）の特例を設けるとともに必要な事項を定めるものとして制定（地方公共団体の物品等又は特定役務の調達手続の特例を定める政令（以下「特例政令」という。）第1条。

（対象範囲）

① 対象団体
　都道府県、指定都市及び中核市（特例政令第2条、特例政令第3条）
　※これらの団体が加入する一部事務組合・広域連合は適用対象外（特例政令第13条）

② 対象契約
　地方公共団体が締結する契約（動産及び著作権法に規定する物品等並びにWTO協定及び改正協定に掲げられている役務又は建設工事）のうち下記の区分に応じ定められた額以上のもの（特例政令第2条、特例政令第3条、令和4年1月24日付け総務省告示第22号）。

ア　物品等	3000万円　　　（3000万円）
イ　建設工事	22億8000万円　（23億円）
ウ　技術的サービス	2億2000万円　（2億3000万円）
エ　その他のサービス	3000万円　　　（3000万円）

　※当該基準額（は令和4年4月1日～令和6年3月31日までの契約に適用。
　※（　）内は令和2年4月1日～令和4年3月31日までの契約に適用されていたもの。
　※中核市については、欧州連合の供給者と締結する契約に対してのみ適用（一部適用対象外あり）。

（主な政令規定事項）
① 競争入札参加者の資格に関する公示を年度ごとに行うこと（特例政令第4条：令第167条の5第2項、令第167条の11第3項の特例）
② 一般競争入札参加者の資格につき事業所の所在地要件を適用しないこと（特例政令第5条：令第167条の5の2の特例）※中核市は一部例外あり
③ 一般競争入札の公告事項及び指名競争入札の公示事項を定めること（特例政令第6条、第7条：令第167条の6、第167条の12第2項、第3項の特例）
④ 競争入札参加者に入札説明書を交付すること（特例政令第8条：令規定なし）
⑤ 最低制限価格制度を適用しないこと（特例政令第9条：令第167条の10第2項、令第167条の13の特例）
⑥ 複数落札入札制度に関すること（特例政令第10条：令規定なし）
⑦ 随意契約の事由等を限定すること（特例政令第11条：令第167条の2第1項、第4項の特例）
⑧ 落札者等の公示を行うこと（特例政令第12条：令規定なし）

出所：総務省HP

〇公共工事の入札及び契約の適正化の促進に関する法律

平成十二年十一月二十七日号外法律第百二十七号

最終改正　令和三年五月十九日法律第三十七号

目次　〔略〕

第一章　総則

（目的）

第一条　この法律は、国、特殊法人等及び地方公共団体が行う公共工事の入札及び契約について、その適正化の基本となるべき事項を定めるとともに、情報の公表、不正行為等に対する措置、適正な金額での契約の締結等のための措置及び施工体制の適正化の措置を講じ、併せて適正化指針の策定等の制度を整備すること等により、公共工事に対する国民の信頼の確保とこれを請け負う建設業の健全な発達を図ることを目的とする。

（定義）

第二条　この法律において「特殊法人等」とは、法律により直接に設立された法人若しくは特別の法律により特別の設立行為をもって設立された法人（総務省設置法（平成十一年法律第九十一号）第四条第一項第八号の規定の適用を受けない法人を除く。）、特別の法律により設立され、かつ、その設立に関し行政官庁の認可を要する法人又は独立行政法人（独立行政法人通則法（平成十一年法律第百三号）第二条第一項に規定する独立行政法人をいう。第六条において同じ。）のうち、次の各号に掲げる要件のいずれにも該当する法人であって政令で定めるものをいう。

一　資本金の二分の一以上が国からの出資による法人又はその事業の運営のために必要な経費の主たる財源を国からの交付金若しくは補助金によって得ている法人であること。

二　その設立の目的を実現し、又はその主たる業務を遂行するため、計画的かつ継続的に建設工事（建設業法（昭和二十四年法律第百

号）第二条第一項に規定する建設工事をいう。次項において同じ。）の発注を行う法人であること。

2　この法律において「公共工事」とは、国、特殊法人等又は地方公共団体が発注する建設工事をいう。

3　この法律において「建設業」とは、建設業法第二条第二項に規定する建設業をいう。

4　この法律において「各省各庁の長」とは、財政法（昭和二十二年法律第三十四号）第二十条第二項に規定する各省各庁の長をいう。

（公共工事の入札及び契約の適正化の基本となるべき事項）

第三条　公共工事の入札及び契約については、次に掲げるところにより、その適正化が図られなければならない。

一　入札及び契約の過程並びに契約の内容の透明性が確保されること。

二　入札に参加しようとし、又は契約の相手方になろうとする者の間の公正な競争が促進されること。

三　入札及び契約からの談合その他の不正行為の排除が徹底されること。

四　その請負代金の額によっては公共工事の適正な施工が通常見込まれない契約の締結が防止されること。

五　契約された公共工事の適正な施工が確保されること。

第二章　情報の公表

（国による情報の公表）

第四条　各省各庁の長は、政令で定めるところにより、毎年度、当該年度の公共工事の発注の見通しに関する事項で政令で定めるものを公表しなければならない。

2　各省各庁の長は、前項の見通しに関する事項を変更したときは、政令で定めるところにより、変更後の当該事項を公表しなければならない。

第五条　各省各庁の長は、政令で定めるところにより、次に掲げる事項を公表しなければならない。

　一　入札者の商号又は名称及び入札金額、落札者の商号又は名称及び落札金額、入札の参加者の資格を定めた場合における当該資格、指名競争入札における指名した者の商号又は名称その他の政令で定める公共工事の入札及び契約の過程に関する事項

　二　契約の相手方の商号又は名称、契約金額その他の政令で定める公共工事の契約の内容に関する事項

（特殊法人等による情報の公表）
第六条　特殊法人等の代表者（当該特殊法人等が独立行政法人である場合にあっては、その長。以下同じ。）は、前二条の規定に準じて、公共工事の入札及び契約に関する情報を公表するため必要な措置を講じなければならない。

（地方公共団体による情報の公表）
第七条　地方公共団体の長は、政令で定めるところにより、毎年度、当該年度の公共工事の発注の見通しに関する事項で政令で定めるものを公表しなければならない。

２　地方公共団体の長は、前項の見通しに関する事項を変更したときは、政令で定めるところにより、変更後の当該事項を公表しなければならない。

第八条　地方公共団体の長は、政令で定めるところにより、次に掲げる事項を公表しなければならない。

　一　入札者の商号又は名称及び入札金額、落札者の商号又は名称及び落札金額、入札の参加者の資格を定めた場合における当該資格、指名競争入札における指名した者の商号又は名称その他の政令で定める公共工事の入札及び契約の過程に関する事項

　二　契約の相手方の商号又は名称、契約金額その他の政令で定める公

共工事の契約の内容に関する事項

第九条　前二条の規定は、地方公共団体が、前二条に規定する事項以外の公共工事の入札及び契約に関する情報の公表に関し、条例で必要な規定を定めることを妨げるものではない。

第三章　不正行為等に対する措置

（公正取引委員会への通知）

第十条　各省各庁の長、特殊法人等の代表者又は地方公共団体の長（以下「各省各庁の長等」という。）は、それぞれ国、特殊法人等又は地方公共団体（以下「国等」という。）が発注する公共工事の入札及び契約に関し、私的独占の禁止及び公正取引の確保に関する法律（昭和二十二年法律第五十四号）第三条又は第八条第一号の規定に違反する行為があると疑うに足りる事実があるときは、公正取引委員会に対し、その事実を通知しなければならない。

（国土交通大臣又は都道府県知事への通知）

第十一条　各省各庁の長等は、それぞれ国等が発注する公共工事の入札及び契約に関し、当該公共工事の受注者である建設業者（建設業法第二条第三項に規定する建設業者をいう。次条において同じ。）に次の各号のいずれかに該当すると疑うに足りる事実があるときは、当該建設業者が建設業の許可を受けた国土交通大臣又は都道府県知事及び当該事実に係る営業が行われる区域を管轄する都道府県知事に対し、その事実を通知しなければならない。

一　建設業法第八条第九号、第十一号（同条第九号に係る部分に限る。）、第十二号（同条第九号に係る部分に限る。）、第十三号（同条第九号に係る部分に限る。）若しくは第十四号（これらの規定を同法第十七条において準用する場合を含む。）又は第二十八条第一項第三号、第四号（同法第二十二条第一項に係る部分に限る。）若しくは第六号から第八号までのいずれかに該当すること。

二　第十五条第二項若しくは第三項、同条第一項の規定により読み替えて適用される建設業法第二十四条の八第一項、第二項若しくは第四項又は同法第十九条の五、第二十六条第一項から第三項まで、第二十六条の二若しくは第二十六条の三第七項の規定に違反したこと。

第四章　適正な金額での契約の締結等のための措置

（入札金額の内訳の提出）

第十二条　建設業者は、公共工事の入札に係る申込みの際に、入札金額の内訳を記載した書類を提出しなければならない。

（各省各庁の長等の責務）

第十三条　各省各庁の長等は、その請負代金の額によっては公共工事の適正な施工が通常見込まれない契約の締結を防止し、及び不正行為を排除するため、前条の規定により提出された書類の内容の確認その他の必要な措置を講じなければならない。

第五章　施工体制の適正化

（一括下請負の禁止）

第十四条　公共工事については、建設業法第二十二条第三項の規定は、適用しない。

（施工体制台帳の作成及び提出等）

第十五条　公共工事についての建設業法第二十四条の八第一項、第二項及び第四項の規定の適用については、これらの規定中「特定建設業者」とあるのは「建設業者」と、同条第一項中「締結した下請契約の請負代金の額（当該下請契約が二以上あるときは、それらの請負代金の額の総額）が政令で定める金額以上になる」とあるのは「下請契約を締結した」と、同条第四項中「見やすい場所」とあるのは「工事関係者が見やすい場所及び公衆が見やすい場所」とする。

2　公共工事の受注者（前項の規定により読み替えて適用される建設業

法第二十四条の八第一項の規定により同項に規定する施工体制台帳
（以下単に「施工体制台帳」という。）を作成しなければならないこと
とされているものに限る。）は、作成した施工体制台帳（同項の規定
により記載すべきものとされた事項に変更が生じたことに伴い新たに
作成されたものを含む。）の写しを発注者に提出しなければならない。
この場合においては、同条第三項の規定は、適用しない。

3　前項の公共工事の受注者は、発注者から、公共工事の施工の技術上
の管理をつかさどる者（次条において「施工技術者」という。）の設
置の状況その他の工事現場の施工体制が施工体制台帳の記載に合致し
ているかどうかの点検を求められたときは、これを受けることを拒ん
ではならない。

（各省各庁の長等の責務）

第十六条　公共工事を発注した国等に係る各省各庁の長等は、施工技術
者の設置の状況その他の工事現場の施工体制を適正なものとするため、
当該工事現場の施工体制が施工体制台帳の記載に合致しているかどう
かの点検その他の必要な措置を講じなければならない。

第六章　適正化指針

（適正化指針の策定等）

第十七条　国は、各省各庁の長等による公共工事の入札及び契約の適正
化を図るための措置（第二章、第三章、第十三条及び前条に規定する
ものを除く。）に関する指針（以下「適正化指針」という。）を定めな
ければならない。

2　適正化指針には、第三条各号に掲げるところに従って、次に掲げる
事項を定めるものとする。

一　入札及び契約の過程並びに契約の内容に関する情報（各省各庁の
長又は特殊法人等の代表者による措置にあっては第四条及び第五条、
地方公共団体の長による措置にあっては第七条及び第八条に規定す
るものを除く。）の公表に関すること。

二　入札及び契約の過程並びに契約の内容について学識経験を有する
　　者等の第三者の意見を適切に反映する方策に関すること。

三　入札及び契約の過程に関する苦情を適切に処理する方策に関する
　　こと。

四　公正な競争を促進し、及びその請負代金の額によっては公共工事
　　の適正な施工が通常見込まれない契約の締結を防止するための入札
　　及び契約の方法の改善に関すること。

五　公共工事の施工に必要な工期の確保及び地域における公共工事の
　　施工の時期の平準化を図るための方策に関すること。

六　将来におけるより適切な入札及び契約のための公共工事の施工状
　　況の評価の方策に関すること。

七　前各号に掲げるもののほか、入札及び契約の適正化を図るため必
　　要な措置に関すること。

3　適正化指針の策定に当たっては、特殊法人等及び地方公共団体の自
　主性に配慮しなければならない。

4　国土交通大臣、総務大臣及び財務大臣は、あらかじめ各省各庁の長
　及び特殊法人等を所管する大臣に協議した上、適正化指針の案を作成
　し、閣議の決定を求めなければならない。

5　国土交通大臣は、適正化指針の案の作成に先立って、中央建設業審
　議会の意見を聴かなければならない。

6　国土交通大臣、総務大臣及び財務大臣は、第四項の規定による閣議
　の決定があったときは、遅滞なく、適正化指針を公表しなければなら
　ない。

7　第三項から前項までの規定は、適正化指針の変更について準用する。

（適正化指針に基づく責務）

第十八条　各省各庁の長等は、適正化指針に定めるところに従い、公共
　　工事の入札及び契約の適正化を図るため必要な措置を講ずるよう努め
　　なければならない。

（措置の状況の公表）

第十九条　国土交通大臣及び財務大臣は、各省各庁の長又は特殊法人等を所管する大臣に対し、当該各省各庁の長又は当該大臣が所管する特殊法人等が適正化指針に従って講じた措置の状況について報告を求めることができる。

2　国土交通大臣及び総務大臣は、地方公共団体に対し、適正化指針に従って講じた措置の状況について報告を求めることができる。

3　国土交通大臣、総務大臣及び財務大臣は、毎年度、前二項の報告を取りまとめ、その概要を公表するものとする。

（要請）

第二十条　国土交通大臣及び財務大臣は、各省各庁の長又は特殊法人等を所管する大臣に対し、公共工事の入札及び契約の適正化を促進するため適正化指針に照らして特に必要があると認められる措置を講ずべきことを要請することができる。

2　国土交通大臣及び総務大臣は、地方公共団体に対し、公共工事の入札及び契約の適正化を促進するため適正化指針に照らして特に必要があると認められる措置を講ずべきことを要請することができる。

第七章　国による情報の収集、整理及び提供等

（国による情報の収集、整理及び提供）

第二十一条　国土交通大臣、総務大臣及び財務大臣は、第二章の規定により公表された情報その他その普及が公共工事の入札及び契約の適正化の促進に資することとなる情報の収集、整理及び提供に努めなければならない。

（関係法令等に関する知識の習得等）

第二十二条　国、特殊法人等及び地方公共団体は、それぞれその職員に対し、公共工事の入札及び契約が適正に行われるよう、関係法令及び所管分野における公共工事の施工技術に関する知識を習得させるため

の教育及び研修その他必要な措置を講ずるよう努めなければならない。

2　国土交通大臣及び都道府県知事は、建設業を営む者に対し、公共工事の入札及び契約が適正に行われるよう、関係法令に関する知識の普及その他必要な措置を講ずるよう努めなければならない。

附　則

（施行期日）

第一条　この法律は、公布の日から起算して三月を超えない範囲内において政令で定める日から施行する。ただし、第二章から第四章まで並びに第十六条、第十七条第一項及び第二項、第十八条並びに附則第三条（建設業法第二十八条の改正規定に係る部分に限る。）の規定は平成十三年四月一日から、第十七条第三項の規定は平成十四年四月一日から施行する。

〔平成一三年二月政令三三号により、平成一三・二・一六から施行〕

（経過措置）

第二条　第五条及び第八条の規定は、これらの規定の施行前に入札又は随意契約の手続に着手していた場合における当該入札及びこれに係る契約又は当該随意契約については、適用しない。

2　第四章及び次条（建設業法第二十八条の改正規定に係る部分に限る。）の規定は、これらの規定の施行前に締結された契約に係る公共工事については、適用しない。

ものとする。

○入札談合等関与行為の排除及び防止並びに職員による入札等の公正を害すべき行為の処罰に関する法律

平成十四年七月三十一日号外法律第百一号

最終改正　平成二十九年六月九日法律第五十四号

（趣旨）

第一条　この法律は、公正取引委員会による各省各庁の長等に対する入札談合等関与行為を排除するために必要な改善措置の要求、入札談合等関与行為を行った職員に対する損害賠償の請求、当該職員に係る懲戒事由の調査、関係行政機関の連携協力等入札談合等関与行為を排除し、及び防止するための措置について定めるとともに、職員による入札等の公正を害すべき行為についての罰則を定めるものとする。

（定義）

第二条　この法律において「各省各庁の長」とは、財政法（昭和二十二年法律第三十四号）第二十条第二項に規定する各省各庁の長をいう。

2　この法律において「特定法人」とは、次の各号のいずれかに該当するものをいう。

一　国又は地方公共団体が資本金の二分の一以上を出資している法人

二　特別の法律により設立された法人のうち、国又は地方公共団体が法律により、常時、発行済株式の総数又は総株主の議決権の三分の一以上に当たる株式の保有を義務付けられている株式会社（前号に掲げるもの及び政令で定めるものを除く。）

3　この法律において「各省各庁の長等」とは、各省各庁の長、地方公共団体の長及び特定法人の代表者をいう。

4　この法律において「入札談合等」とは、国、地方公共団体又は特定法人（以下「国等」という。）が入札、競り売りその他競争により相手方を選定する方法（以下「入札等」という。）により行う売買、貸借、請負その他の契約の締結に関し、当該入札に参加しようとする事

業者が他の事業者と共同して落札すべき者若しくは落札すべき価格を決定し、又は事業者団体が当該入札に参加しようとする事業者に当該行為を行わせること等により、私的独占の禁止及び公正取引の確保に関する法律（昭和二十二年法律第五十四号）第三条又は第八条第一号の規定に違反する行為をいう。

5　この法律において「入札談合等関与行為」とは、国若しくは地方公共団体の職員又は特定法人の役員若しくは職員（以下「職員」という。）が入札談合等に関与する行為であって、次の各号のいずれかに該当するものをいう。

一　事業者又は事業者団体に入札談合等を行わせること。

二　契約の相手方となるべき者をあらかじめ指名することその他特定の者を契約の相手方となるべき者として希望する旨の意向をあらかじめ教示し、又は示唆すること。

三　入札又は契約に関する情報のうち特定の事業者又は事業者団体が知ることによりこれらの者が入札談合等を行うことが容易となる情報であって秘密として管理されているものを、特定の者に対して教示し、又は示唆すること。

四　特定の入札談合等に関し、事業者、事業者団体その他の者の明示若しくは黙示の依頼を受け、又はこれらの者に自ら働きかけ、かつ、当該入札談合等を容易にする目的で、職務に反し、入札に参加する者として特定の者を指名し、又はその他の方法により、入札談合等を幇助すること。

（各省各庁の長等に対する改善措置の要求等）

第三条　公正取引委員会は、入札談合等の事件についての調査の結果、当該入札談合等につき入札談合等関与行為があると認めるときは、各省各庁の長等に対し、当該入札談合等関与行為を排除するために必要な入札及び契約に関する事務に係る改善措置（以下単に「改善措置」という。）を講ずべきことを求めることができる。

2　公正取引委員会は、入札談合等の事件についての調査の結果、当該

入札談合等につき入札談合等関与行為があったと認めるときは、当該
入札談合等関与行為が既になくなっている場合においても、特に必要
があると認めるときは、各省各庁の長等に対し、当該入札談合等関与
行為が排除されたことを確保するために必要な改善措置を講ずべきこ
とを求めることができる。

3　公正取引委員会は、前二項の規定による求めをする場合には、当該
求めの内容及び理由を記載した書面を交付しなければならない。

4　各省各庁の長等は、第一項又は第二項の規定による求めを受けたと
きは、必要な調査を行い、当該入札談合等関与行為があり、又は当該
入札談合等関与行為があったことが明らかとなったときは、当該調査
の結果に基づいて、当該入札談合等関与行為を排除し、又は当該入札
談合等関与行為が排除されたことを確保するために必要と認める改善
措置を講じなければならない。

5　各省各庁の長等は、前項の調査を行うため必要があると認めるとき
は、公正取引委員会に対し、資料の提供その他必要な協力を求めるこ
とができる。

6　各省各庁の長等は、第四項の調査の結果及び同項の規定により講じ
た改善措置の内容を公表するとともに、公正取引委員会に通知しなけ
ればならない。

7　公正取引委員会は、前項の通知を受けた場合において、特に必要が
あると認めるときは、各省各庁の長等に対し、意見を述べることがで
きる。

（職員に対する損害賠償の請求等）

第四条　各省各庁の長等は、前条第一項又は第二項の規定による求めが
あったときは、当該入札談合等関与行為による国等の損害の有無につ
いて必要な調査を行わなければならない。

2　各省各庁の長等は、前項の調査の結果、国等に損害が生じたと認め
るときは、当該入札談合等関与行為を行った職員の賠償責任の有無及
び国等に対する賠償額についても必要な調査を行わなければならない。

3　各省各庁の長等は、前二項の調査を行うため必要があると認めるときは、公正取引委員会に対し、資料の提供その他必要な協力を求めることができる。

4　各省各庁の長等は、第一項及び第二項の調査の結果を公表しなければならない。

5　各省各庁の長等は、第二項の調査の結果、当該入札談合等関与行為を行った職員が故意又は重大な過失により国等に損害を与えたと認めるときは、当該職員に対し、速やかにその賠償を求めなければならない。

6　入札談合等関与行為を行った職員が予算執行職員等の責任に関する法律（昭和二十五年法律第百七十二号）第三条第二項（同法第九条第二項において準用する場合を含む。）の規定により弁償の責めに任ずべき場合については、各省各庁の長又は公庫の長（同条第一項に規定する公庫の長をいう。）は、第二項、第三項（第二項の調査に係る部分に限る。）、第四項（第二項の調査の結果の公表に係る部分に限る。）及び前項の規定にかかわらず、速やかに、同法に定めるところにより、必要な措置をとらなければならない。この場合においては、同法第四条第四項（同法第九条第二項において準用する場合を含む。）中「遅滞なく」とあるのは、「速やかに、当該予算執行職員の入札談合等関与行為（入札談合等関与行為の排除及び防止並びに職員による入札等の公正を害すべき行為の処罰に関する法律（平成十四年法律第百一号）第二条第五項に規定する入札談合等関与行為をいう。）に係る同法第四条第一項の調査の結果を添えて」とする。

7　入札談合等関与行為を行った職員が地方自治法（昭和二十二年法律第六十七号）第二百四十三条の二の二第一項（地方公営企業法（昭和二十七年法律第二百九十二号）第三十四条において準用する場合を含む。）の規定により賠償の責めに任ずべき場合については、第二項、第三項（第二項の調査に係る部分に限る。）、第四項（第二項の調査の結果の公表に係る部分に限る。）及び第五項の規定は適用せず、地方自治法第二百四十三条の二の二第三項中「決定することを求め」とあ

るのは、「決定することを速やかに求め」と読み替えて、同条（地方
公営企業法第三十四条において準用する場合を含む。）の規定を適用
する。

（職員に係る懲戒事由の調査）

第五条　各省各庁の長等は、第三条第一項又は第二項の規定による求め
　　があったときは、当該入札談合等関与行為を行った職員に対して懲戒
　　処分（特定法人（行政執行法人（独立行政法人通則法（平成十一年法
　　律第百三号）第二条第四項に規定する行政執行法人をいう。以下この
　　項において同じ。）及び特定地方独立行政法人（地方独立行政法人法
　　（平成十五年法律第百十八号）第二条第二項に規定する特定地方独立
　　行政法人をいう。以下この項において同じ。）を除く。）にあっては、
　　免職、停職、減給又は戒告の処分その他の制裁）をすることができる
　　か否かについて必要な調査を行わなければならない。ただし、当該求
　　めを受けた各省各庁の長、地方公共団体の長、行政執行法人の長又は
　　特定地方独立行政法人の理事長が、当該職員の任命権を有しない場合
　　（当該職員の任命権を委任した場合を含む。）は、当該職員の任命権を
　　有する者（当該職員の任命権の委任を受けた者を含む。以下「任命権
　　者」という。）に対し、第三条第一項又は第二項の規定による求めが
　　あった旨を通知すれば足りる。

2　前項ただし書の規定による通知を受けた任命権者は、当該入札談合
　　等関与行為を行った職員に対して懲戒処分をすることができるか否か
　　について必要な調査を行わなければならない。

3　各省各庁の長等又は任命権者は、第一項本文又は前項の調査を行う
　　ため必要があると認めるときは、公正取引委員会に対し、資料の提供
　　その他必要な協力を求めることができる。

4　各省各庁の長等又は任命権者は、それぞれ第一項本文又は第二項の
　　調査の結果を公表しなければならない。

（指定職員による調査）

第六条　各省各庁の長等又は任命権者は、その指定する職員（以下この
　　条において「指定職員」という。）に、第三条第四項、第四条第一項
　　若しくは第二項又は前条第一項本文若しくは第二項の規定による調査
　　（以下この条において「調査」という。）を実施させなければならない。
　　この場合において、各省各庁の長等又は任命権者は、当該調査を適正
　　に実施するに足りる能力、経験等を有する職員を指定する等当該調査
　　の実効を確保するために必要な措置を講じなければならない。

2　指定職員は、調査に当たっては、公正かつ中立に実施しなければな
　　らない。

3　指定職員が調査を実施する場合においては、当該各省各庁（財政法
　　第二十一条に規定する各省各庁をいう。以下同じ。）、地方公共団体又
　　は特定法人の職員は、当該調査に協力しなければならない。

（関係行政機関の連携協力）

第七条　国の関係行政機関は、入札談合等関与行為の防止に関し、相互
　　に連携を図りながら協力しなければならない。

（職員による入札等の妨害）

第八条　職員が、その所属する国等が入札等により行う売買、貸借、請
　　負その他の契約の締結に関し、その職務に反し、事業者その他の者に
　　談合を唆すこと、事業者その他の者に予定価格その他の入札等に関す
　　る秘密を教示すること又はその他の方法により、当該入札等の公正を
　　害すべき行為を行ったときは、五年以下の懲役又は二百五十万円以下
　　の罰金に処する。

（運用上の配慮）

第九条　この法律の運用に当たっては、入札及び契約に関する事務を適
　　正に実施するための地方公共団体等の自主的な努力に十分配慮しなけ
　　ればならない。

（事務の委任）

第十条 各省各庁の長は、この法律に規定する事務を、当該各省各庁の
外局（法律で国務大臣をもってその長に充てることとされているもの
に限る。）の長に委任することができる。

附　則

　この法律は、公布の日から起算して六月を超えない範囲内において政
令で定める日から施行する。

〈主要さくいん〉

■ 著者紹介

鈴木　満（すずき　みつる）

昭和 40 年 4 月　農林省（現・農林水産省）入省
昭和 41 年 11 月　公正取引委員会に出向
　　　　　　　　その後、審査部考査室長、第 4 審査長、
　　　　　　　　取引部景品表示監視課長、下請課長、
　　　　　　　　景品表示指導課長、審査部第一審査長、
　　　　　　　　取引流通担当官房参事官、近畿事務所長、
　　　　　　　　首席審判官を歴任して、平成 6 年 6 月退官
平成 8 年 4 月　桐蔭学園横浜大学（現・桐蔭横浜大学）法学部
　　　　　　　　教授（経済法専攻）
平成 16 年 4 月　桐蔭横浜大学法科大学院教授（経済法専攻）
平成 17 年 2 月　弁護士登録（村瀬統一法律事務所を経て現在は沢藤総合法律
　　　　　　　　事務所所属）
平成 23 年 4 月　桐蔭横浜大学法科大学院客員教授（令和 3 年 3 月まで）

〈主要著書〉
『入札談合の研究』（信山社、平成 13 年）
『新下請法マニュアル』（商事法務、平成 16 年）
『入札談合の研究　第二版』（信山社、平成 16 年）
『経済法──判審決の争点整理』（尚学社、平成 18 年、鈴木深雪との共著）
『談合を防止する自治体の入札改革』（学陽書房、平成 20 年）
『経済法──判審決の争点整理　第二版』（尚学社、平成 21 年、鈴木深雪との共著）
『新下請法マニュアル（改訂版）』（商事法務、平成 21 年）
『公共入札・契約手続の実務──しくみの基本から談合防止策まで』（学陽書房、平成 25 年）
『独占禁止法・下請法─豊富な事例で分かる違反行為の判断基準と実務上の留意点─』（第一法規、平成 31 年、鈴木満監修・神奈川県弁護士会独占禁止法研究会編著）
『弁護士のための下請取引規制法の実務』（第一法規、令和 4 年、鈴木満監修・神奈川県弁護士会独占禁止法研究会編著）

新版 公共入札・契約手続の実務
――しくみの基本から談合防止策まで

2022 年 4 月 27 日　初版発行
2024 年 7 月 30 日　3 刷発行

著　者　鈴木　満
発行者　佐久間重嘉
発行所　学 陽 書 房

〒102-0072　東京都千代田区飯田橋1-9-3
営業部／電話 03-3261-1111　FAX 03-5211-3300
編集部／電話 03-3261-1112
http://www.gakuyo.co.jp/

装幀／佐藤 博
DTP制作・印刷／加藤文明社
製本／東京美術紙工